全国高等医药院校药学类第四轮规划教材·配套教材

U0746588

基础物理学学习指导

（供药学类专业用）

第 2 版

主 编　李　辛

副主编　陈　曙　章新友　支壮志

编　者　（按姓氏笔画排序）

王　勤（贵阳中医学院）

王小平（第二军医大学）

支壮志（沈阳药科大学）

丘翠环（广东药学院）

刘彦允（四川大学）

李　辛（沈阳药科大学）

张盛华（桂林医学院）

赵　喆（沈阳药科大学）

陈　曙（中国药科大学）

章新友（江西中医药大学）

樊亚萍（西安交通大学）

中国医药科技出版社

内 容 提 要

　　本书是全国高等医药院校药学类规划教材之一，是与《基础物理学》相配套的辅助教材，是在第一版的基础上修订编写而成。全书共十八章，其内容与教材《基础物理学》各章完全对应，每章由四个部分内容组成，包括"基本要求"、"要点精讲"、"习题与解答"、"补充练习题"。本教材可供高等院校药学类专业本专科师生使用。

图书在版编目（CIP）数据

　　基础物理学学习指导/李辛主编 . —2 版 . —北京：中国医药科技出版社，2015.8（2024.8重印）

　　全国高等医药院校药学类第四轮规划教材配套教材

　　ISBN 978 − 7 − 5067 − 7608 − 0

　　Ⅰ. ①基⋯　　Ⅱ. ①李⋯　　Ⅲ. ①物理学—医学院校—教学参考资料　　Ⅳ. ①O4

　　中国版本图书馆 CIP 数据核字（2015）第 187264 号

美术编辑　　陈君杞
版式设计　　郭小平

出版　中国医药科技出版社
地址　北京市海淀区文慧园北路甲 22 号
邮编　100082
电话　发行：010 − 62227427　　邮购：010 − 62236938
网址　www.cmstp.com
规格　787 × 1092mm $^1/_{16}$
印张　$9^3/_4$
字数　197 千字
初版　2009 年 8 月第 1 版
版次　2015 年 8 月第 2 版
印次　2024 年 8 月第 3 次印刷
印刷　大厂回族自治县彩虹印刷有限公司
经销　全国各地新华书店
书号　ISBN 978 − 7 − 5067 − 7608 − 0
定价　**22.00 元**
本社图书如存在印装质量问题请与本社联系调换

前　言

　　本书是与《基础物理学》相配套的辅助教材，是在《基础物理学学习指导》（第一版）的基础上修订而成的。其内容与教材《基础物理学》各章完全对应，由原版教材编写者负责各自对应部分的编写。

　　本书各章由四个部分组成，包括"基本要求""要点精讲""习题与解答""补充练习题"。各个部分的内容都是编者根据自己多年的教学经验，在对学生基本学习情况了解的基础之上完成。旨在使学生通过对《基础物理学学习指导》的学习，明确学习要求，牢固掌握课程内容，提高学生分析问题、解决问题以及自学的能力。

　　本书的特点：①每章中教学要求更加具体化，提出了明确的基本要求，对基本概念与基本理论的阐述简明扼要，学生读后可以对照检查自己是否已经达到目标；②在解题过程中，给出了正确运用基本定律解题的方法及解题步骤，并配备了相当数量的典型例题；③密切结合当前医药院校学生的实际学习状况，以较强的针对性设置补充习题，尽可能地使物理知识在医药专业学习中得到应用。

　　本书是医药院校本科生的学习辅导材料，希望本书不仅能对学生现在学好物理、培养独立的思考能力发挥作用，而且还可以成为今后工作中查阅有关物理问题和公式的极为方便的工具书。

　　本书在编写过程中，得到了《基础物理学学习指导》第一版主编赵清诚教授的鼎力支持和帮助，在此表示衷心的感谢。

　　由于编者学识和水平所限，本书存在不足和疏漏之处，热忱欢迎各位专家及使用本书的教师和同学们批评指正。

　　最后要特别说明的是，在本书编写过程中我们参考了大量同类教材，在诸多方面得到了启发和受益，在此亦一并表示衷心感谢！

编者

2015 年 4 月

目 录

第一章 | 刚体的转动

一、基本要求

1. 熟悉刚体定轴转动的角量描述，掌握转动惯量的概念及其简单计算。
2. 掌握力矩、转动动能、角动量、角冲量等基本概念。
3. 掌握转动定律和角动量守恒定律并能熟练应用。
4. 了解进动产生的原因和进动角速度的确定。

二、要点精讲

（一）基本概念

1. 转动惯量 物体转动惯性大小的量度。

（1）质点的转动惯量 $I = mr^2$

（2）刚体的转动惯量 $I = \sum_{i=1}^{n} r_i^2 \Delta m_i$

（3）质量连续分布时物体转动惯量 $I = \int r^2 \mathrm{d}m = \int r^2 \rho \mathrm{d}V$

2. 力矩 产生角加速度的原因。设作用在物体上的力 F 在转动平面内，径矢 r 由轴指向力 F 的作用点，则力矩定义式为

$$M = r \times F$$

其量值为 $M = rF\sin\varphi$

3. 角动量（又称动量矩） 物体的转动惯量和角速度的乘积称为物体对转轴的角动量。它是描写物体某瞬时转动运动量大小的物理量，是状态量。定义式为

$$L = I\omega$$

4. 冲量矩 描写力矩在一段时间内累积作用的物理量，是过程量。

（1）力矩在 $\mathrm{d}t$ 时间内的冲量矩 $M \cdot \mathrm{d}t$

（2）力矩在 $t_1 - t_2$ 时间内的冲量矩 $\int_{t_1}^{t_2} M \cdot \mathrm{d}t$

（二）基本规律

1. 转动定律 刚体所受的合外力矩等于刚体的转动惯量与角加速度的乘积，即

$$M = I\beta$$

注意：此定律是瞬时作用规律，且式中 M, I, β 三个量都是对同一转轴而言。

2. 刚体定轴转动动能定理 作用在刚体上合外力矩的功等于刚体转动动能的增量，即

（1）刚体转过 $d\theta$ 角时　　$dA = Md\theta = dE_k$

（2）刚体从 θ_1 转至 θ_2 时　　$A = \int_{\theta_1}^{\theta_2} Md\theta = \Delta E_k = \frac{1}{2}I\omega_2^2 - \frac{1}{2}I\omega_1^2$

3. 角动量定理　作用在刚体上合外力矩的冲量矩等于刚体转动角动量的增量，即

（1）合外力矩作用 dt 时间　　$\boldsymbol{M} \cdot dt = d\boldsymbol{L} = d(I\boldsymbol{\omega})$

（2）合外力矩作用 $t_2 - t_1$ 时间　　$\int_{t_1}^{t_2} \boldsymbol{M} \cdot dt = \boldsymbol{L}_2 - \boldsymbol{L}_1 = I\boldsymbol{\omega}_2 - I\boldsymbol{\omega}_1$

4. 角动量守恒定律　当物体（或系统）所受合外力矩为零时，物体（或系统）的角动量保持不变，即

$$\sum \boldsymbol{L} = \sum I\boldsymbol{\omega} = 恒量$$

该定律对转动惯量变化的物体或系统也成立。

5. 重力矩作用下，陀螺进动角速度

$$\Omega = \frac{mgr}{I\omega}$$

（三）常用公式

1. 角量与线量的关系

$$ds = r \cdot d\theta$$
$$v = r\boldsymbol{\omega}$$
$$a_t = r\beta$$
$$a_n = r\omega^2$$

2. 匀变速转动基本公式

$$\omega = \omega_0 + \beta t$$
$$\Delta\theta = \omega_0 t + \frac{1}{2}\beta t^2$$
$$\omega^2 - \omega_0^2 = 2\beta\Delta\theta$$
$$\bar{\omega} = \frac{\omega_2 + \omega_1}{2}$$

3. 常用转动惯量公式

（1）均匀细棒

$$I = \frac{1}{12}ml^2 \quad （轴过中心，垂直于棒）$$

$$I = \frac{1}{3}ml^2 \quad （轴过端点，垂直于棒）$$

（2）圆盘（或圆柱）

$$I = \frac{1}{2}mR^2 \quad （轴通过中心，垂直于盘面）$$

三、习题与解答

1. 一圆盘绕固定轴由静止开始做匀加速转动，角加速度为 $3.14\,rad/s^2$。求经过 1s

后盘上离轴 1.0cm 处的切向加速度和法向加速度各等于多少？在刚开始时，该点的切向加速度和法向加速度各等于多少？

解　由题意可知，圆盘做初角速度为零的匀加速转动，其加速度是恒量。在 $t=1$s 时，由刚体做匀变速转动时的角速度公式，并考虑到 $\omega_0=0$，则有

$$\omega=\beta t=3.14\,\text{rad/s}$$

由刚体上任意一个点线量和角量的关系，可求得圆盘上离轴 $r=1.0$cm 处的切向和法向加速度分别为

$$a_t=\beta r=3.14\,\text{cm/s}^2$$
$$a_n=\omega^2 r=9.9\,\text{cm/s}^2$$

因圆盘做初角速度为零的匀加速转动，所以 $t=0$ 时

$$\beta=3.14\,\text{rad/s}^2,\qquad \omega=0$$

离轴 $r=1.0$cm 处

$$a_t=\beta r=3.14\,\text{cm/s}^2,\qquad a_n=\omega^2 r=0$$

2. 一轻绳绕于半径 $r=0.2$m 的飞轮边缘，现以恒力 $F=98$N拉绳的一端，使飞轮由静止开始加速转动，如图 1-1（a）所示，已知飞轮的转动惯量 $I=0.5\,\text{kg}\cdot\text{m}^2$，飞轮与轴承之间的摩擦不计，求：

（1）飞轮的角加速度；

（2）绳子拉下 5m 时，飞轮的角速度和飞轮获得的动能；

（3）这动能和拉力 F 对物体所做的功是否相等，为什么？

（4）如以重量 $P=98$N 的物体 m 挂在绳端（图 1-1b），飞轮将如何运动？试计算飞轮的角加速度和绳子拉下 5m 时飞轮获得的动能。

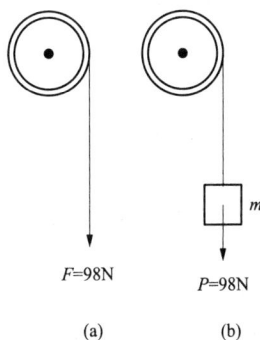

图 1-1

解　（1）因为 $M=I\beta$

所以
$$\beta=\frac{M}{I}=\frac{Fr}{I}=\frac{98\times0.2}{0.5}=39.2\,\text{rad/s}^2$$

（2）当绳子下拉了 $l=5$m 时，飞轮转过的角度

$$\varphi=\frac{l}{r}=\frac{5}{0.2}=25\,\text{rad}$$

$$\omega^2=2\beta\varphi=2\times39.2\times25=1960$$

$$\omega=44.3\,\text{rad/s}$$

$$E_k=\frac{1}{2}I\omega^2=\frac{1}{2}\times0.5\times1960=490\,\text{J}$$

（3）力 F 所做的功

$$A=F\cdot l=98\times5=490\,\text{J}$$

因为此时除拉力 F，再无其他外力做功，且系统势能不变，只有力 F 所做的功使飞轮的动能增加。

（4）按转动定律和牛顿第二定律有

$$Tr = I\beta$$
$$P - T = ma$$
$$a = r\beta \quad T = T'$$

则
$$\beta = \frac{rP}{I + mr^2} = \frac{0.2 \times 98}{0.5 + \frac{98}{9.8} \times 0.2^2} = 21.8\text{rad/s}$$

当重物拉下5m时，根据机械能守恒定律，可得

$$Pl = \frac{1}{2}I\omega^2 + \frac{1}{2}mv^2 = \frac{1}{2}I\omega^2 + \frac{1}{2}mr^2\omega^2$$

$$\omega^2 = \frac{2Pl}{I + mr^2}$$

$$E_k = \frac{1}{2}I\omega^2 = \frac{IPl}{I + mr^2} = \frac{0.5 \times 98 \times 5}{0.5 + 10 \times 0.2^2} = 272.2\text{J}$$

而重力做功
$$A = Pl = 98 \times 5 = 490\text{J}$$

所以
$$E_k < A$$

因为在这个过程中，是绳子张力对飞轮做功，增加了飞轮的动能，而重力对物体做的功，等于重物动能的增量加上重力反抗绳子张力的功，所以重力做功要大于飞轮的总动能。飞轮以角加速度21.8rad/s转动。

3. 固定在一起的两同轴均匀圆柱体可绕其光滑水平对称轴 OO' 转动，设大小圆柱的半径分别为 R 和 r，质量分别为 M 和 m，绕在两柱体上的细绳分别与物体 m_1 和 m_2 相连，m_1 和 m_2 则挂在圆柱体的两侧，如图 1-2 所示，设 $R = 0.20$m，$r = 0.10$m，$m = 4$kg，$M = 10$kg，$m_1 = m_2 = 2$kg，且开始时离地均为 $h = 2$m，求：

（1）柱体转动时的角加速度；

（2）两侧细绳的张力。

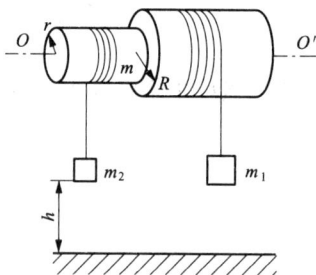

图 1-2

解 设 a_1、a_2、β 分别为 m_1、m_2 和柱体的角速度及角加速度，则有

$$T_2 - m_2g = m_2a_2$$
$$m_1g - T_1 = m_1a_1$$
$$T_1'R - T_2'r = I\beta$$

式中，$T_1' = T_1$ $\quad T_2' = T_2$，$a_1 = R\beta$，$a_2 = r\beta$

$$I = \frac{1}{2}MR^2 + \frac{1}{2}mr^2$$

由上式求得

$$\beta = \frac{Rm_1 - rm_2}{I + m_1R^2 + m_2r^2}g = 6.13\text{rad/s}$$

$$T_2 = m_2r\beta + m_2g = 2 \times 0.10 \times 6.13 + 2 \times 9.8 = 20.8\text{N}$$
$$T_1 = m_1g - m_1R\beta = 2 \times 9.8 - 2 \times 0.2 \times 6.13 = 17.1\text{N}$$

4. 如图 1 – 3 所示的装置中，物体的质量 m_1、m_2，定滑轮的质量 M_1、M_2，半径 R_1、R_2 都已知，且 $m_1 > m_2$，设绳子长度不变，质量不计，绳子与滑轮间不打滑，而滑轮质量均匀分布，其转动惯量可按均匀圆盘计算，滑轮轴承处光滑无摩擦阻力，试应用牛顿定律和转动定律写出这一系统的运动方程，求出物体 m_2 的加速度和绳的张力 T_1、T_2、T_3。

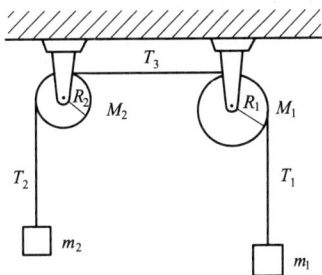

解　按题意，设 m_1 以加速度 a 向下运动，应用牛顿定律和转动定律得

$$m_1 g - T_1 = m_1 a \tag{1}$$

$$T_2 - m_2 g = m_2 a \tag{2}$$

$$(T_1 - T_3)R_1 = \frac{1}{2}M_1 R_1^2 \beta_1 \tag{3}$$

$$(T_3 - T_2)R_2 = \frac{1}{2}M_2 R_2^2 \beta_2 \tag{4}$$

$$\beta_1 = \frac{a}{R_1} \tag{5}$$

$$\beta_2 = \frac{a}{R_2} \tag{6}$$

解方程组得

$$a = \frac{2(m_1 - m_2)}{2(m_1 + m_2) + (M_1 + M_2)}g, \quad T_1 = \frac{4m_1 m_2 + m_1(M_1 + M_2)}{2(m_1 + m_2) + (M_1 + M_2)}g,$$

$$T_2 = \frac{4m_1 m_2 + m_2(M_1 + M_2)}{2(m_1 + m_2) + (M_1 + M_2)}g, \quad T_3 = \frac{4m_1 m_2 + m_1 M_2 + m_2 M_1}{2(m_1 + m_2) + (M_1 + M_2)}g$$

5. 一个质量为 m、长度为 l 的均匀细杆可围绕通过其一端 O 且与杆垂直的光滑水平轴转动，如图 1 – 4 所示，若将此杆在水平横放时由静止释放，求当杆转动到与水平方向成 $30°$ 角时的角速度。

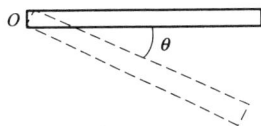

解　（1）根据转动定律 $M = I\beta$，将 $M = \frac{mgl}{2}\cos\theta$，$I = \frac{1}{3}ml^2$ 代入上式，则有

$$\frac{mgl}{2}\cos\theta = \frac{1}{3}ml^2 \beta = \frac{1}{3}ml^2 \frac{d\omega}{dt} = \frac{1}{3}ml^2 \frac{d\omega}{d\theta} \cdot \frac{d\theta}{dt}$$

式中，$\frac{d\theta}{dt} = \omega$，所以将上式化简并同乘 $d\theta$，得

$$\omega d\omega = \frac{3g}{2l}\cos\theta d\theta$$

积分

$$\int_0^\omega \omega d\omega = \frac{3g}{2l}\int_0^\theta \cos\theta d\theta$$

得

$$\omega = \sqrt{\frac{3g\sin\theta}{l}} = \sqrt{\frac{3\sqrt{3}}{2l}}$$

（2）用动能定理求解

重力矩所做的功等于转动动能的增量，即

$$\int_0^\theta mg \frac{l}{2}\cos\theta\mathrm{d}\theta = \frac{1}{2}I\omega^2$$

$$\omega = \sqrt{\frac{3g\sin\theta}{l}}$$

（3）用机械能守恒定律求解

运动过程中只有重力矩做功，故系统机械能守恒。取初始的水平位置为重力势能零点，则有

$$\frac{1}{2}I\omega^2 - \frac{1}{2}mg\sin\theta = 0$$

得

$$\omega = \sqrt{\frac{3g\sin\theta}{l}}$$

请同学们自己对这三种解法做评述。

6. 如图 1－5 所示，质量为 m_1、长为 l 的匀质棒竖直悬在水平轴 O 上，一个质量为 m_2 的小球以水平速度 v 与棒下端相碰，碰后速度 v'。在碰撞中因时间很短，棒可看作仍保持竖直位置，求棒在碰撞后的角速度。

解 小球和棒组成系统受到的外力为重力和轴支持力，这两力对 O 的力矩为零，故系统的角动量守恒。设碰后棒角速度方向为正，故有

$$m_2 lv = -m_2 lv' + (1/3)m_1 l^2 \omega$$

所以

$$\omega = \frac{3m_2(v + v')}{m_1 l}$$

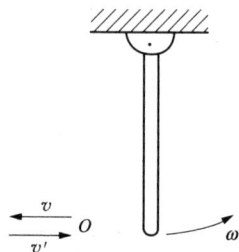

图 1－5

7. 如图 1－6 所示，质量为 m、长为 l 均匀细棒 AB，可绕一水平光滑轴在竖直平面内转动，轴 O 离 A 端 $l/3$。今使棒从静止开始从水平位置绕轴 O 转动，求起动时的角加速度及转到竖直位置时 A 点的速度和加速度。

解 棒对轴的转动惯量

$$I = \frac{ml^2}{12} + m\left(\frac{l}{6}\right)^2 = \frac{1}{9}ml^2$$

细棒在转动过程中受重力 mg 及轴支承力 N，N 的力矩为零。因此起动时的角加速度为

$$\beta = \frac{M}{I} = \frac{mgl/6}{ml^2/9} = \frac{3g}{2l} \tag{1}$$

细棒在转动过程中，只有重力矩做功。当细棒转过角度 θ 时，重力矩为 $(mgl\cos\theta)/6$，设转到竖直位置时角速度为 ω，由刚体定轴转动时的动能定理，有

$$\frac{1}{2}I\omega^2 = \int_0^{\frac{\pi}{2}} mg \frac{l}{6}\cos\theta\mathrm{d}\theta = mgl/6 \tag{2}$$

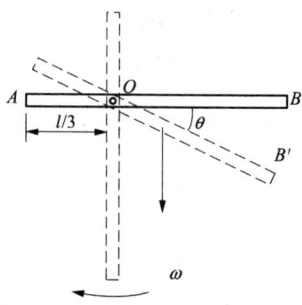

图 1－6

由（1）、（2）可得

$$\omega = \sqrt{\frac{mgl}{3I}} = \sqrt{\frac{3g}{l}}$$

细棒在竖直位置时的角速度可由转动定律得出

$$\beta = M/I = 0$$

这样，转到竖直位置时，A 点的速度和加速度分别为

$$v_A = \omega r_A = \sqrt{\frac{lg}{3}} \quad （方向向右）$$

$$a_t = \beta r_A = 0$$

$$a_n = \omega^2 r_A = g \quad （方向向下）$$

8. 如图 1-7 所示，一块长为 $L = 0.60m$、质量为 $M = 1kg$ 的均匀薄木板，可绕水平轴 OO' 无摩擦地自由转动。当木板静止在平衡位置时，有一质量为 $m = 10 \times 10^{-3} kg$ 的子弹垂直击中木板 A 点，A 离转轴 OO' 距离 $l = 0.36m$，子弹击中木板前的速度为 500m/s，子弹穿出木板后的速度为 200m/s，求：

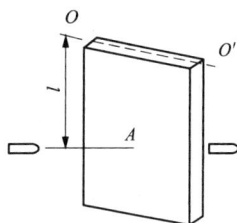

（1）木板获得的角速度；

（2）木板的最大摆角；

（3）子弹穿过木棒的过程中，木板所受冲量矩。

解 （1）以子弹和木棒为系统，角动量守恒有

$$mv_1 l = mv_2 l + I\omega = mv_2 l + ML^2\omega$$

$$m(v_1 - v_2)l = \frac{1}{3}ML^2\omega$$

$$\omega = 3m(v_1 - v_2)l/(ML^2) = 9rad/s$$

（2）由机械能守恒定律有

$$\frac{1}{2}I\omega^2 = Mg\frac{L}{2}(1 - \cos\theta)$$

$$1 - \cos\theta = \frac{\frac{1}{2}I\omega^2}{Mg\frac{L}{2}} = \frac{\frac{1}{2} \times \frac{1}{3}ML^2\omega^2}{Mg\frac{L}{2}} = \frac{\omega^2 L}{3g} = 1.653$$

$$\theta = 130.8°$$

（3）木板所受冲量矩

$$\int Mdt = \Delta(I\omega) = I\omega = ML^2\omega/3 = 1.08mNs$$

9. 如图 1-8 所示，在光滑的水平面上有一木杆，其质量 $m_1 = 1.0kg$，长 $l = 40cm$，可绕通过其中点并与之垂直的轴转动。一质量为 $m_2 = 10g$ 的子弹，以 $v = 200m \cdot s^{-1}$ 速度射入杆端，其方向与杆及轴正交。若子弹陷入杆中，试求杆得到的角速度。

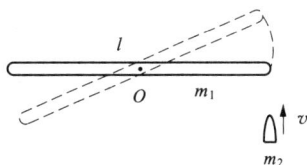

解 射入前子弹对点 O 的角动量为

$$L_1 = I_1\omega_0 = m_2\left(\frac{l}{2}\right)^2\omega_0$$

图 1-7

图 1-8

$$\omega_0 = \frac{2v}{l}$$

子弹射入杆内，子弹和杆对点 O 的角动量为

$$L_2 = (I_1 + I_2)\,\omega$$

子弹射入杆前后，子弹和杆组成的系统角动量守恒，即 $L_1 = L_2$，所以

$$\omega = \frac{I_2\omega_0}{I_1 + I_2} = \frac{m_2\left(\dfrac{l}{2}\right)^2\omega_0}{m_2\left(\dfrac{l}{2}\right)^2 + \dfrac{1}{12}ml^2} = \frac{6 \times 0.01 \times 200}{(1.0 + 3 \times 0.01) \times 0.40} = 29.1\,\text{rad/s}$$

四、补充练习题

1. 一个质量为 m 的小球由一绳系着，以角速度 ω_0 在无摩擦的水平面上，绕半径为 r_0 做圆周运动。如图 1-9 所示，如果在绳的另一端作用一个铅直向下拉力，小球则以半径 $r_0/2$ 做圆周运动。试求：

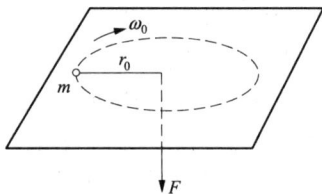

（1）小球新的角速度；

（2）拉力所做的功。

图 1-9

解 （1）小球做圆周运动，在沿轴的外力作用下，其半径发生变化。此力对过 O 的转轴不产生力矩，因而在此过程中没有外力矩作用，角动量守恒，所以

$$I_0\omega_0 = I_1\omega_1$$

$$\omega_1 = \frac{I_0}{I_2}\omega_0 = \frac{mr_0^2}{\dfrac{1}{4}mr_0^2}\omega_0 = 4\omega_0$$

（2）小球转动半径由 r_0 变为 $r_0/2$ 时，其转动动能增加了，这是由于拉力做功的结果。

$$A = \frac{1}{2}I_1\omega_1^2 - \frac{1}{2}I_0\omega_0^2 = \frac{3}{2}mr_0^2\omega_0^2$$

2. 如图 1-10 所示，A 与 B 两飞轮的轴可由摩擦啮合连接，A 轮的转动惯量 $I_1 = 10\,\text{kg}\cdot\text{m}^2$，开始时 B 轮静止，A 轮以 $n = 600$ 转/分的转速转动，然后是 A 与 B 连接，因而 B 轮得到加速而 A 轮减速，直到两轮的速度都等于 $n = 200$ 转/分为止。求：

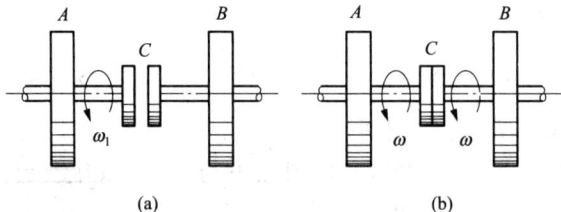

(a)   (b)

图 1-10

（1）B 轮的转动惯量；

（2）在啮合过程中损失的机械能为多少？

解 （1）两飞轮啮合过程中无外力矩作用，角动量守恒，有

$$I_1\omega_1 = (I_1 + I_2)\omega_2$$

$$I_2 = \frac{\omega_1 - \omega_2}{\omega_2} I_1 = \frac{n_1 - n_2}{n_2} I_1 = 20 \text{kg} \cdot \text{m}^2$$

（2）两飞轮啮合过程中，转动动能的变化为

$$
\begin{aligned}
\Delta E &= \frac{1}{2}(I_1 + I_2)\omega_2^2 - \frac{1}{2}I_1\omega_1^2 \\
&= \frac{1}{2}(10+10)\times\left(\frac{2\pi}{60}\times 200\right)^2 - \frac{1}{2}\times 10 \times \left(\frac{2\pi}{60}\times 200\right)^2 \\
&= -1.32\times 10^4 \text{J}
\end{aligned}
$$

3. 一个质量为 M，半径为 R 的转台，以角速度 ω_a 转动，转轴的摩擦略去不计，有一质量 m 的蜘蛛垂直落在转台边缘上。求：

（1）转台新的角速度 ω_b 为多少？

（2）然后蜘蛛慢慢地爬向转台中心，当蜘蛛离转台中心 O 的距离为 r 时，转台的角速度 ω_c 为多少？（设蜘蛛落下前距转台很近，蜘蛛沿径向爬行的速度很慢）

解　以转台和蜘蛛组成的系统为讨论对象，在蜘蛛落下及慢慢爬向中心的过程中，系统均未受到外力矩作用，故角动量守恒。

（1）蜘蛛垂直落在转台边缘时

$$I_0\omega_a = (I_0 + I_1)\omega_b$$

$$\omega_b = \frac{I_0\omega_a}{(I_0 + I_1)} = \frac{\frac{1}{2}MR^2\omega_a}{\frac{1}{2}MR^2 + mR^2} = \frac{M}{M+2m}\omega_a$$

（2）蜘蛛爬至距中心 r 时

$$I_0\omega_a = (I_0 + I_1)\omega_c$$

$$\omega_c = \frac{I_0\omega_a}{(I_0 + I_2)} = \frac{\frac{1}{2}MR^2\omega_a}{\frac{1}{2}MR^2 + mr^2} = \frac{MR^2\omega_a}{MR^2 + 2mr^2}$$

4. 一个质量为 20kg 的小孩站在一个半径为 3m，转动惯量为 $450 \text{kg} \cdot \text{m}^2$ 的静止水平转台边缘上。此转台可绕过通过转台中心的铅直轴转动，转台与轴间摩擦不计。如果此小孩相对转台以 1m/s 的速率沿转台边缘行走，问转台的角速度有多大？

解　取小孩和转台系统为讨论对象，在小孩相对转台行走的过程中，系统未受到外力矩作用，故角动量守恒，设小孩绕台转动方向为正，则有

$$I_0\omega_0 + I_1(\omega_0 + \omega_1) = 0 \tag{1}$$

式中，I_0，I_1 分别为转台和小孩对转轴的转动惯量；ω_0 为转台对地面的角速度；ω_1 为小孩相对转台的角速度；$\omega_0 + \omega_1$ 为小孩对地面的角速度，因而

$$\omega_1 = \frac{v}{R} \tag{2}$$

由（1）、（2）得

$$\omega_0 = -\frac{mR^2}{I_0 + mR^2}\cdot\frac{v}{R} = -\frac{20\times 3^2}{450 + 20\times 3^2}\times\frac{1}{3} = -9.52\times 10^{-2}\text{rad/s}$$

（李辛　陈曙）

第二章　流体力学

一、基本要求

1. 掌握连续性方程和伯努利方程、黏性定律和泊肃叶定律，并会应用它们来解决理想流体和黏性流体的有关问题。

2. 熟悉理想流体、定常流动、黏度等相关概念，黏性流体的伯努利方程和能量损耗，斯托克斯定律与收尾速度。

3. 了解层流、湍流、雷诺数及其关系。

二、要点精讲

（一）基本概念

1. 理想流体　绝对不可压缩且完全没有黏性的流体。

2. 定常流动　流体中任一固定点的流速不随时间而变化的流动。

3. 流线　用来形象描述流体流动速度在空间分布的假象曲线，曲线上任一点的切线方向和该点流速方向一致。

4. 流管　由许多流线围成的管状空间称为流管。

5. 层流　流体流动时相邻流体层之间仅做相对滑动而没有横向混合的流动状态。

6. 湍流　流体流动时各流体层相互混合，甚至出现旋涡的流动状态。

7. 雷诺数　用来判定流体的流动形态是层流还是湍流的一个无量纲纯数。

（二）基本规律

1. 连续性方程　不可压缩的流体做定常流动时，同一流管任一截面处体积流量为常量。

$$Q = Sv = 常量$$

2. 伯努利方程　理想流体做定常流动时，同一流管任一截面处单位体积流体的动能、势能和压强的总和为常量。即

$$P + \frac{1}{2}\rho v^2 + \rho gh = 常量$$

或

$$P_1 + \frac{1}{2}\rho v_1^2 + \rho gh_1 = P_2 + \frac{1}{2}\rho v_2^2 + \rho gh_2$$

3. 黏性定律　流体做层流时，流体内部相邻两流体层之间的黏性力的大小与两流体层之间的接触面积成正比，与该处的速度梯度成正比。

$$F = \eta S \frac{\mathrm{d}v}{\mathrm{d}x}$$

4. **黏性流体的伯努利方程**　由于黏性的影响，流管中黏性流体在任意两截面处单位体积流体的动能、势能和压强的总和不相等，而是沿流动方向逐渐减少。

$$P_1 + \frac{1}{2}\rho v_1^2 + \rho g h_1 = P_2 + \frac{1}{2}\rho v_2^2 + \rho g h_2 + w$$

5. **泊肃叶定律**　黏性流体在水平管中做定常流动时，体积流量与管半径的四次方和压强梯度成正比，与黏度成反比。

$$Q = \frac{\pi R^4 (P_1 - P_2)}{8\eta L}$$

6. **斯托克斯定律**　半径为 r 的球体在黏度为 η 的流体中以速度 v 运动时，所受的黏性阻力为

$$f = 6\pi \eta r v$$

（三）常用公式

1. 液体的流量　　　　　　$Q = S_1 v_1 = S_1 S_2 \sqrt{\dfrac{2gh}{S_1^2 - S_2^2}}$

2. 气体的流量　　　　　　$Q = S_1 v_1 = S_1 S_2 \sqrt{\dfrac{2\rho' g (h_1 + h_2)}{\rho (S_1^2 - S_2^2)}}$

3. 皮托管测液体流速　　　$v = \sqrt{2g\Delta h}$

4. 风速管测气体流速　　　$v = \sqrt{\dfrac{2\rho' g \Delta h}{\rho}}$

5. 小孔流速公式　　　　　$v = \sqrt{2gh}$

6. 黏性力对流体所做的功　$A' = -wV$

7. 收尾速度/沉降速度　　$v = \dfrac{2gr^2 (\rho - \rho')}{9\eta}$

三、习题与解答

1. 将直径为 3.0cm 的软管连接到草坪的洒水器上，洒水器装一个有 20 个小孔的莲蓬头，每个小孔直径为 0.15cm。如果水在软管中的流速为 1.0m/s，试求由各小孔喷出的水流速度是多少？

解　根据有分支的连续性方程 $S_0 v_0 = S_1 v_1 + S_2 v_2 + \cdots\cdots + S_n v_n$，有

$$\frac{\pi}{4} d_1^2 v_1 = 20 \times \frac{\pi}{4} d_2^2 v_2$$

得　　$v_2 = \dfrac{1}{20} \left(\dfrac{d_1}{d_2}\right)^2 v_1 = \dfrac{1}{20} \times \left(\dfrac{3.0}{0.15}\right)^2 \times 1.0 = 20 \text{m/s}$

2. 水在一水平管中流动，管中 A 点的流速为 2.0m/s，压强为 1.013×10^5 Pa，管中的 B 点比 A 点低 1.0m。如果 B 处水管的截面积是 A 处的二分之一，求 B 点的压强。

解　由连续性方程 $S_A v_A = S_B v_B$ 得　$v_B = \dfrac{S_A}{S_B} v_A = 2v_A = 2 \times 2.0 = 4.0 \text{m/s}$

由伯努利方程 $P_A + \dfrac{1}{2}\rho v_A^2 + \rho g h_A = P_B + \dfrac{1}{2}\rho v_B^2 + \rho g h_B$ 得

$$P_B = P_A + \frac{1}{2}\rho(v_A^2 - v_B^2) + \rho g(h_A - h_B)$$

$$= 1.013 \times 10^5 + \frac{1}{2} \times 10^3 \times (2.0^2 - 4.0^2) + 10^3 \times 9.8 \times 1.0$$

$$= 1.051 \times 10^5 \text{Pa}$$

3. 水压为 3.0×10^5 Pa 的水从处于地下 5.0m、内径为 6.0cm 的管道（进口处）进入到地面的实验大楼，然后用内径为 4.0cm 的管道引导到 10.0m 高的实验室。当进口处水的流速为 4.0m/s，求实验室水龙头（出口处）的流速和压强。

解 （1）从流体的连续性方程 $S_1 v_1 = S_2 v_2$

得

$$v_2 = \frac{S_1}{S_2}v_1 = \left(\frac{d_1}{d_2}\right)^2 v_1 = \left(\frac{0.060}{0.040}\right)^2 \times 4.0 = 9.0 \text{m/s}$$

（2）由伯努利方程 $P_1 + \frac{1}{2}\rho v_1^2 + \rho g h_1 = P_2 + \frac{1}{2}\rho v_2^2 + \rho g h_2$

将未知量及已知量分离、移项得

$$P_2 = P_1 + \frac{1}{2}\rho(v_1^2 - v_2^2) + \rho g(h_1 - h_2)$$

$$= 3.0 \times 10^5 + \frac{1}{2} \times 10^3(4.0^2 - 9.0^2) + 10^3 \times 9.8 \times (-5 - 10)$$

$$= 1.2 \times 10^5 \text{Pa}$$

4. 文托里流量计主管的直径为 0.30m，细颈的直径为 0.10m，如果水在主管的压强为 1.5×10^5 Pa，在细颈的压强为 1.1×10^5 Pa，求水的体积流量。

解 根据连续性方程有 $S_1 v_1 = S_2 v_2$，可有 $\frac{\pi}{4}d_1^2 v_1 = \frac{\pi}{4}d_2^2 v_2$

得

$$v_2 = \frac{S_1}{S_2}v_1 = \left(\frac{d_1}{d_2}\right)v_1 = \left(\frac{0.30}{0.10}\right)^2 v_1 = 9v_1$$

由水平的伯努利方程 $P_1 + \frac{1}{2}\rho v_1^2 = P_2 + \frac{1}{2}\rho v_2^2$

移项得 $\frac{1}{2}\rho(v_2^2 - v_1^2) = P_1 - P_2$

把 $v_2 = 9v_1$ 的关系式及已知数值代入上式

$$\frac{1}{2} \times 10^3 \times (81v_1^2 - v_1^2) = (1.5 - 1.1) \times 10^5$$

得

$$v_1 = 1.0 \text{m/s}$$

$$Q = S_1 v_1 = \frac{\pi}{4}d_1^2 v_1 = \frac{\pi}{4} \times 0.30^2 \times 1.0 = 7.1 \times 10^{-2} \text{m}^3/\text{s}$$

5. 水在水平管内流动，某段截面积为 10cm^2，另一段截面积压缩为 5.0cm^2，这两截面处的压强差为 300Pa，求 1min 内从管中流出的水是多少立方米。

解 由连续性方程 $S_1 v_1 = S_2 v_2$ 有 $v_2 = \frac{S_1}{S_2}v_1 = 2v_1$

由水平的伯努利方程 $P_1 + \frac{1}{2}\rho v_1^2 = P_2 + \frac{1}{2}\rho v_2^2$

移项得
$$\frac{1}{2}\rho(v_2^2 - v_1^2) = P_1 - P_2$$

把 $v_2 = 2v_1$ 的关系式及已知数值代入上式得　$\frac{1}{2} \times 10^3 \times (4v_1^2 - v_1^2) = 300$

得
$$v_1 = 0.0447\text{m/s}$$
$$V = S_1 v_1 t = 10 \times 10^{-4} \times 1.0 \times 0.447 \times 60 = 2.68 \times 10^{-2}\text{m}^3$$

6. 一个顶端开口的圆筒容器，高 20cm，直径 10cm，在容器的底部开一横截面积为 1.0cm^2 的小圆孔。水从圆筒顶部以 $140\text{cm}^3/\text{s}$ 的流量注入圆筒内，求圆筒的水面可以升高到的最大高度。

解　当注入容器内水的流量与从容器流出水的流量相等时，容器内水面恒定且达到最大高度。

由流体的体积流量公式 $Q = Sv$ 可得到小孔的流速
$$v_2 = \frac{Q}{S_2} = \frac{1.40 \times 10^{-4}}{1.0 \times 10^{-4}} = 1.4\text{m/s}$$

因为容器的面积比小孔的面积大得多，即 $S_1 \gg S_2$，根据连续性方程 $S_1 v_1 = S_2 v_2$ 可得 $v_1 \ll v_2$，此时可认为 $v_1 \approx 0$。而且容器及小孔均与大气相通，有 $P_1 = P_2 = P_0$。

由伯努利方程　　　$P_1 + \frac{1}{2}\rho v_1^2 + \rho g h_1 = P_2 + \frac{1}{2}\rho v_2^2 + \rho g h_2$

得
$$h = h_1 - h_2 = \frac{v_2^2}{2g} = \frac{1.4^2}{2 \times 9.8} = 0.10\text{m}$$

7. 水从蓄水池中通过导管流出，如图 2-1 所示，点 1 的高度为 6.1m，点 2、点 3 的高度为 1.0m，在点 2 处导管的截面积为 0.040m^2，在点 3 处为 0.020m^2，求：

（1）点 2 处的压强；

（2）水由管口流出的体积流量。

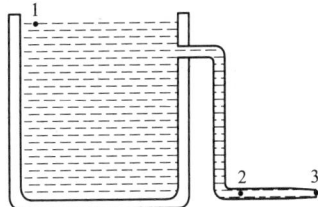
图 2-1

解　（1）在液体中取一条从液面点 1 到小孔 3 的细流管 1-2-3。应用伯努利方程有
$$P_1 + \frac{1}{2}\rho v_1^2 + \rho g h_1 = P_3 + \frac{1}{2}\rho v_3^2 + \rho g h_3$$

因为液面和小孔均与外界相通，所以 $P_1 = P_3 = 1.013 \times 10^5\text{Pa}$。而容器的截面比小孔的截面大得多，即 $S_1 \gg S_3$，根据连续性方程 $S_1 v_1 = S_3 v_3$ 可得 $v_1 \ll v_3$，此时可认为 $v_1 \approx 0$。

把上述条件代入伯努利方程，可求出小孔的流速 v_3 为
$$v_3 = \sqrt{2g(h_1 - h_3)} = \sqrt{2 \times 9.8 \times (6.1 - 1.0)} = 10\text{m/s}$$

由连续性方程　　　　　　　$S_2 v_2 = S_3 v_3$

得
$$v_2 = \frac{S_3}{S_2} v_3 = \frac{0.020}{0.040} \times 10 = 5.0\text{m/s}$$

在 2、3 点处应用水平的伯努力方程　$P_2 + \frac{1}{2}\rho v_2^2 = P_3 + \frac{1}{2}\rho v_3^2$

得

$$P_2 = P_3 + \frac{1}{2}\rho(v_3^2 - v_2^2)$$

$$= 1.013 \times 10^5 + \frac{1}{2} \times 10^3 \times (10^2 - 5.0^2)$$

$$= 1.388 \times 10^5 Pa$$

(2) 管口的体积流量 $Q = S_3 v_3 = 0.020 \times 10 = 0.20 m^3/s$

8. 用图 2-2 所示的皮托管测量水速,测得两竖直细管中水柱上升的高度为 $h_1 = 0.50cm, h_2 = 5.4cm$,求水流速度。

解   根据皮托管测流体流速的公式可得

$$v = \sqrt{2g(h_2 - h_1)}$$

$$= \sqrt{2 \times 9.8(5.4 \times 10^{-2}) - 0.5 \times 10^{-2}}$$

$$= 0.98 m/s$$

9. 采用书中图 2-2 所示的风速管,以水作为压强计的液体装在飞机上,用以测量空气的流速。如果水柱的最大高度差为 0.10m,能测出空气的最大流速是多少?($\rho_{空气} = 1.3 kg/m^3$)

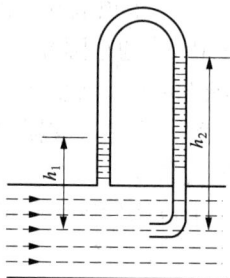

图 2-2

解 $v_B = v$,$P_B - P_A = \rho' gh$,由水平管的伯努利方程 $P_A + \frac{1}{2}\rho v_A^2 = P_B + \frac{1}{2}\rho v_B^2$

得

$$v_B = v = \sqrt{\frac{2\rho' gh}{\rho}}$$

$$v_{max} = \sqrt{\frac{2\rho' gh_{max}}{\rho}} = \sqrt{\frac{2 \times 1 \times 10^3 \times 9.8 \times 0.10}{1.3}} = 38.8 m/s$$

10. 体积为 $8cm^3$ 的水,在均匀的水平管中从压强 $1.8 \times 10^5 Pa$ 的截面流到压强为 $1.3 \times 10^5 Pa$ 的截面时,克服黏性阻力做的功是多少?

解   由于水流动过程中压强减少,故这里把水当成黏性流体。对于均匀的水平管,根据黏性流体的伯努利方程可得单位体积黏性力所做的功为

$$w = P_1 - P_2$$

克服黏性力所做的功为

$$A = w \cdot V = (P_1 - P_2) \cdot V = (1.8 - 1.3) \times 10^5 \times 8.0 \times 10^{-5} = 4.0 J$$

11. 设橄榄油的黏度为 $0.18 Pa \cdot s$,流过管长为 $0.50m$、半径为 $1.0cm$ 的水平管时,管两端的压强差为 $2.0 \times 10^4 Pa$,求其体积流量。

解   将已知条件代入泊肃叶公式,可得

其体积流量 $Q = \frac{\pi r^4 \Delta P}{8\eta L} = \frac{3.14 \times (1.0 \times 10^{-2})^4 \times 2.0 \times 10^4}{8 \times 0.18 \times 0.50} = 8.7 \times 10^{-4} m^3/s$

12. 密度为 $2.6 \times 10^3 kg/m^3$ 的石英微珠在 20℃ 的水中沉降,沉降速度为 $7.8 \times 10^{-4} m/s$。设水的密度为 $1.0 \times 10^3 kg/m^3$,黏度为 $1.0 \times 10^{-3} Pa \cdot s$,求此石英微珠的直径。

解   设石英微珠的直径为 d,当石英微珠所受的重力与在水中受到向上浮力及黏性力相平衡时,石英微珠以沉降速度 v 匀速下沉。即

$$\frac{\pi}{6}d^3\rho g = \frac{\pi}{6}d^3\rho' g + 3\pi\eta dv$$

移项

$$3\pi\eta dv = \frac{\pi}{6}d^3(\rho-\rho')g$$

得

$$d = \sqrt{\frac{6\times 3\eta v}{(\rho-\rho')g}} = \sqrt{\frac{6\times 3\times 1.0\times 10^{-3}\times 7.8\times 10^{-4}}{(2.6\times 10^3 - 1.0\times 10^3)\times 9.8}} = 3.0\times 10^{-5}\,\text{m}$$

13. 如图 2-3 所示，水通过内径为 0.20m 的管子从水塔底部流出，水塔内水面高出水管出水口 25.0m。如果维持水塔内水位不变，并已知管路中单位体积水的流量损失为 24.5m 高水柱具有的势能，求每小时由管口排出的水量为多少？

解 设水塔内水面处为 1，出水口处为 2。

由于 $S_1 \gg S_2$，$v_1 \ll v_2$，即 $v_1 \approx 0$。水塔内水位维持不变，即 $h_1 - h_2 = 25.0\text{m}$。从图中可以看出 $P_1 = P_2 = P_0$（大气压强）。从题目可知单位体积水的能量损失 $w = \dfrac{mgh}{V} = \rho gh$（$h = 24.5\text{m}$），因考虑到流体有能量损失，应用实际流体的伯努利方程

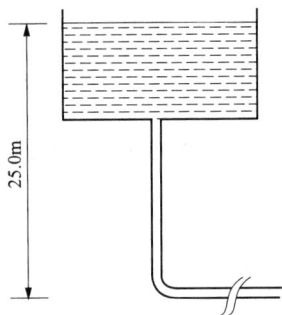

$$P_1 + \frac{1}{2}\rho v_1^2 + \rho gh_1 = P_2 + \frac{1}{2}\rho v_2^2 + \rho gh_2 + w$$

代入上述条件（$v_1 \approx 0$，$P_1 = P_2$，$w = \rho gh$）后，

得

$$\rho gh_1 = \frac{1}{2}\rho v_2^2 + \rho gh_2 + \rho gh$$

移项，得

$$\frac{1}{2}\rho v_2^2 = \rho g(h_1 - h_2) - \rho gh$$

$$v_2 = \sqrt{\frac{2[\rho g(h_1-h_2)-\rho gh]}{\rho}} = \sqrt{2g[(h_1-h_2)-h]}$$

每小时（$t = 3600\text{s}$）由管口排出的水量为

$$V = Qt = S_2 v_2 t = \frac{\pi}{4}d_2^2 \times \sqrt{2g[(h_1-h_2)-h]} \times t$$

$$= \sqrt{2\times 9.8(25.0-24.5)} \times \frac{\pi}{4} \times 0.20^2 \times 3600$$

$$= 354\text{m}^3$$

四、补充练习题

1. 一冷却器由 20 根 $\Phi 20\text{mm} \times 2\text{mm}$（即管的外径为 20mm，壁厚为 2mm）的列管组成，冷却水由 $\Phi 68\text{mm} \times 2\text{mm}$ 的导管流入列管中，已知导管中的流速为 1.5m/s，求列管中的水流速度。

解 $d_1 = (68 - 2\times 2)\text{mm} = 0.064\text{m}$，$d_2 = (20 - 2\times 2)\text{mm} = 0.016\text{m}$，根据有分支的连续性方程 $S_0 v_0 = S_1 v_1 + S_2 v_2 + \cdots\cdots + S_n v_n$，有

$$\frac{\pi}{4}d_1^2 v_1 = 20 \times \frac{\pi}{4}d_2^2 v_2$$

得
$$v_2 = \frac{1}{20}\left(\frac{d_1}{d_2}\right)^2 v_1 = \frac{1}{20} \times \left(\frac{0.064}{0.016}\right)^2 \times 1.5 = 1.2 \text{m/s}$$

2. 注射器活塞的截面积 $S_1 = 1.0 \text{cm}^2$，注射器针孔的截面积 $S_2 = 2.5 \text{mm}^2$。当注射器水平放置时，用 $F = 5.0 \text{N}$ 的力推活塞，使活塞移动 $l = 4.0 \text{cm}$ 后注射器中的液体流尽，问液体从注射器中流尽所需要的时间是多少（略去活塞与管壁间的摩擦力）？

解 略去活塞与管壁间的摩擦力，把注射器中的流体当成理想流体。针孔处压强 $P_2 = P_0$（大气压强），活塞处压强 $P_1 = P_0 + \dfrac{F}{S_1}$。

从流体的连续性方程 $\quad S_1 v_1 = S_2 v_2 \quad$ 得 $\quad v_2 = \dfrac{S_1}{S_2} v_1$

因为注射器是水平放置 $h_1 = h_2$，伯努利方程可简化为
$$P_1 + \frac{1}{2}\rho v_1^2 = P_2 + \frac{1}{2}\rho v_2^2$$

合并同类项有 $\qquad \dfrac{1}{2}\rho\left(v_2^2 - v_1^2\right) = P_1 - P_2 = P_0 + \dfrac{F}{S_1} - P_0 = \dfrac{F}{S_1}$

将 $v_2 = \dfrac{S_1}{S_2} v_1$ 代入上式得 $\qquad \dfrac{1}{2}\rho v_1^2\left(\dfrac{S_1^2}{S_2^2} - 1\right) = \dfrac{F}{S_1}$

故活塞移动的速度 $\quad v_1 = \sqrt{\dfrac{2\dfrac{F}{S_1}}{\rho\left(\dfrac{S_1^2}{S_2^2} - 1\right)}} = \sqrt{\dfrac{2FS_2^2}{S_1\rho(S_1^2 - S_2^2)}} \approx \dfrac{S_2}{S_1}\sqrt{\dfrac{2F}{S_1\rho}}$

$$= \frac{2.5 \times 10^{-6}}{1.0 \times 10^{-4}}\sqrt{\frac{2 \times 5.0}{1.0 \times 10^{-4} \times 10^3}} = 0.25 \text{m/s}$$

若活塞匀速移动，则液体从注射器中流尽所需的时间 $t = \dfrac{l}{v_1} = \dfrac{4.0 \times 10^{-2}}{0.25} = 0.16 \text{s}$。

3. 用图 2-4 所示的装置采集密度为 2kg/m^3 的 CO_2 气体，如果 U 形管中水柱的高度差是 2.0cm，采气管的横截面积为 10cm^2。求 5min 所采集的 CO_2 的量是多少？

解 根据皮托管流速计公式知
$$v = \sqrt{\frac{2\rho' g h}{\rho}} = \sqrt{\frac{2 \times 1.0 \times 10^3 \times 9.8 \times 0.02}{2}} = 14 \text{m/s}$$
所以 5min 采集的 CO_2 为
$$V = Svt = 10 \times 10^{-4} \times 14 \times 5 \times 60 = 4.2 \text{m}^3$$

4. 液体中有一空气泡，其直径为 1.0mm，密度为

图 2-4

1.29kg/m^3，液体的密度为 $0.9 \times 10^3 \text{kg/m}^3$，黏度为 0.15Pa·s，求该空气泡在液体中上升的收尾速度。

解 当空气泡所受的重力与在液体中受到向上浮力及向下的黏性力相平衡时，空气泡以收尾速度 v 匀速上升。

即
$$\frac{\pi}{6}d^3\rho g + 3\pi\eta dv = \frac{\pi}{6}d^3\rho' g$$

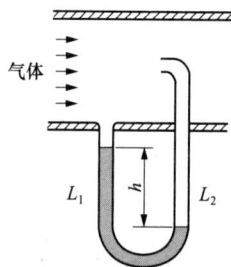

移项
$$3\pi\eta dv = \frac{\pi}{6}d^3(\rho' - \rho)g$$

得

$$v = \frac{1}{18\eta}d^2(\rho' - \rho)g = \frac{(1.0\times10^{-3})^2}{18\times0.15}(0.90\times10^3 - 1.29)\times9.8 = 3.26\times10^{-3}\text{m/s}$$

（丘翠环）

第三章 气体动理论

一、基本要求

1. 掌握理想气体的物态方程、压强公式、内能公式、最概然速率、平均速率、方均根速率。

2. 理解理想气体的微观模型、麦克斯韦速率分布函数、自由度的概念、能量均分定理、压强和温度的微观解释。

3. 了解气体分子平均碰撞频率、平均自由程、真实气体的范德瓦耳斯方程。

4. 了解液体表面现象。

二、要点精讲

1. 理想气体的物态方程

平衡态：在不受外界影响的条件下，热力学系统的宏观性质不随时间变化的状态称为平衡态。热力学系统处于平衡态必须满足两个条件：一是不受外界影响；二是宏观性质不随时间变化。

理想气体的物态方程为
$$pV = \frac{M}{\mu}RT$$

适用条件：一是理想气体；二是平衡态。

2. 理想气体的压强公式

理想气体的微观模型：分子无大小；分子之间以及分子与容器壁之间除碰撞的瞬间外都无相互作用；分子之间以及分子与容器之间的碰撞为弹性碰撞。

压强公式为
$$p = \frac{2}{3}n\,\overline{\varepsilon_t}$$

压强的微观实质是大量气体分子在单位时间内施于器壁单位面积上的平均冲量。其中，$\overline{\varepsilon_t} = \frac{1}{2}m\,\overline{v^2}$ 为分子的平均平动动能。

3. 温度与分子平均平动动能的关系
$$\overline{\varepsilon_t} = \frac{1}{2}m\,\overline{v^2} = \frac{3}{2}kT$$

温度是描述系统平衡态的一个物理量，是大量气体分子热运动的集体表现，是一个统计概念。理想气体分子平均平动动能只和温度有关，并且与气体热力学温度成正比。气体的温度是分子平均平动动能的量度。分子热运动越剧烈，气体温度越高。

4. 能量均分定理

自由度：描述一个物体在空间的位置所需的独立坐标称为该物体的自由度；决定

一个物体在空间的位置所需的独立坐标数，称为该物体的自由度数。

能量均分定理：在温度为 T 的平衡态下，气体分子的每一个自由度都具有相同的平均动能，且等于 $\frac{1}{2}kT$。能量均分定理适用于处于平衡态下的任何物质分子，即气体、液体和固体分子。

5. 理想气体的内能　热力学系统内部所有分子的无规则热运动动能和分子内原子间振动势能及分子间相互作用势能的总和称为热力学系统的内能。

理想气体的内能为所有分子动能的总和　　　　$E = \frac{M}{\mu}\frac{i}{2}RT$ 或 $E = v\frac{i}{2}RT$

理想气体的内能只是温度的单值函数，而且和热力学温度成正比。

6. 麦克斯韦速率分布律

速率分布函数 $f(v)$：在平衡态下，气体分子速率在 v 到 $v+dv$ 区间内分子数 dN 占分子总数 N 的百分比，即

$$\frac{\mathrm{d}N}{N} = f(v)\,\mathrm{d}v，\ 则\ f(v) = \frac{\mathrm{d}N}{N\mathrm{d}v}$$

$f(v)$ 的物理意义：在温度为 T 平衡态下，速率在 v 附近的单位速率区间的分子数占分子总数的百分比。

麦克斯韦速率分布函数为

$$f(v) = 4\pi\left(\frac{m}{2\pi kT}\right)^{3/2}v^2\mathrm{e}^{-mv^2/2kT}$$

适用于理想气体在无外力场作用的平衡态。

7. 三种典型速率

（1）最概然速率　　$v_P = \sqrt{\frac{2kT}{m}} = \sqrt{\frac{2RT}{\mu}} \approx 1.41\sqrt{\frac{RT}{\mu}}$

（2）平均速率　　$\bar{v} = \sqrt{\frac{8kT}{\pi m}} = \sqrt{\frac{8RT}{\pi\mu}} \approx 1.60\sqrt{\frac{RT}{\mu}}$

（3）方均根速率　　$v_{rms} = \sqrt{\overline{v^2}} = \sqrt{\frac{3kT}{m}} \approx \sqrt{\frac{3RT}{\mu}} \approx 1.73\sqrt{\frac{RT}{\mu}}$

8. 分子碰撞的统计规律

（1）平均碰撞频率　　　　　　$\bar{z} = \sqrt{2}\pi d^2\bar{v}n$

为每个分子在单位时间内与其他分子碰撞的平均次数。

（2）平均自由程　　　　　　$\bar{\lambda} = \frac{1}{\sqrt{2}\pi d^2 n} = \frac{kT}{\sqrt{2}\pi d^2 p}$

为一个分子连续两次碰撞间所经过的自由路程的平均值。

9. 范德瓦耳斯状态方程　范德瓦尔斯对理想气体状态方程进行了两方面的修正：一是考虑分子有大小；二是考虑分子间有引力，从而得到

$$\left(p + \frac{M^2}{\mu^2}\cdot\frac{a}{V^2}\right)\left(V - \frac{M}{\mu}b\right) = \frac{M}{\mu}RT$$

式中，a、b 称为范德瓦尔斯修正量。

10. 液体表面张力系数

$$\alpha = \frac{f}{l}$$

式中，α 称为液体的表面张力系数，在数值上，表面张力系数等于沿液体表面垂直作用于单位线长的力。在国际单位制中，α 的单位为 N/m。

三、习题与解答

1. 压强为 1.32×10^7 Pa 的氧气瓶，容积是 3.2×10^{-2} m³。为避免混入其他气体，规定瓶内氧气压强降到 1.013×10^6 Pa 时就应充气。设每天需用 0.4m³、1.013×10^6 Pa 的氧，一瓶氧气能用几天？

解 由波义耳定律可知，容积是 3.2×10^{-2} m³ 的氧气瓶压强由 1.32×10^7 Pa 降到 1.013×10^6 Pa 放出的氧气在 1.013×10^5 Pa 时的体积为

$$(1.32 \times 10^7 - 1.013 \times 10^6) \times 3.2 \times 10^{-3} \text{ m}^3$$

每天需用 0.4m³、1atm 的氧气，因此一瓶氧气可用的天数为

$$(1.32 \times 10^7 - 1.013 \times 10^6) \times 3.2 \times 10^{-3} \div 0.4 = 9.6\text{d}$$

2. 在制造氦氖激光管时，要充以一定比例的氦氖混合气体。在装有阀门连通管的两个容器 V_1 和 V_2 中，分别充以氦气和氖气。氦气的压强为 2.0×10^4 Pa，氖气的压强为 1.2×10^4 Pa；V_1 是 V_2 的两倍。当打开阀门使这两部分气体混合，试求混合后气体的总压强和两种气体的分压强。

解 打开阀门后，氦和氖两种气体混合，充满容器 $V_1 + V_2$。设混合前后各气体的温度相等，并都为理想气体。混合后氦的分压强为 p_1'，氖的分压强为 p_2'；混合前氦的分压强为 p_1，氖的分压强为 p_2。则

$$p_1'(V_1 + V_2) = p_1 V_1, \quad p_2'(V_1 + V_2) = p_2 V_2$$

故

$$p_1' = \frac{V_1}{V_1 + V_2} p_1 = \frac{2}{3} \times 2.0 \times 10^4 = 1.33 \times 10^4 \text{ Pa}$$

$$p_2' = \frac{V_1}{V_1 + V_2} p_2 = \frac{1}{3} \times 2.0 \times 10^4 = 4.0 \times 10^3 \text{ Pa}$$

因而得混合气体的总压强 $\quad p = p_1' + p_2' = 1.73 \times 10^4$ Pa

3. 一空气泡，从 3.04×10^5 Pa 的湖底升到 1.013×10^5 Pa 的湖面。湖底温度为 7℃，湖面温度为 27℃。气泡到达湖面时的体积是它在湖底时的多少倍？

解 一定量的理想气体的两组状态参量间的关系为

$$\frac{p_1 V_1}{T_1} = \frac{p_2 V_2}{T_2}, \text{ 则 } \frac{V_2}{V_1} = \frac{p_1 T_1}{p_2 T_2} = \frac{3 \times (27 + 273)}{1 \times (7 + 273)} = 3.21 \text{ 倍}$$

4. 两个盛有压强分别为 p_1 和 p_2 的同种气体的容器，容积分别为 V_1 和 V_2，用一带有开关的玻璃管连接。打开开关使两容器连通，并设过程中温度不变，求容器中的压强。

解 设该种气体的摩尔质量为 μ，两容器中气体的质量原来分别为 M_1 和 M_2，则有：$p_1 V_1 = \dfrac{M_1}{\mu} RT$ 和 $p_2 V_2 = \dfrac{M_2}{\mu} RT$。

打开容器后两容器中压强相同，设为 p；两容器中气体总质量为 $M_1 + M_2$，总体积为 $V_1 + V_2$。因此

$$p(V_1 + V_2) = \frac{M_1 + M_2}{\mu}RT = p_1V_1 + p_2V_2$$

所以
$$p = \frac{p_1V_1 + p_2V_2}{V_1 + V_2}$$

5. 将理想气体压缩，使其压强增加 1.013×10^4 Pa，温度保持在 27℃，问单位体积内的分子数增加多少？

解 因温度不变，由 $p = nkT$ 可得 $\Delta p = \Delta nkT$

分子数增加 $\Delta n = \frac{\Delta p}{kT} = \frac{1.013 \times 10^5}{1.38 \times 10^{-23} \times (273 + 27)} = 2.45 \times 10^{25}$ m^{-3}

6. 在近代物理中常用电子伏特（eV）作为能量单位，试问在多高温度下，分子的平均平动动能为 1eV？1K 温度的单个分子热运动平均平动能量相当于多少电子伏特？

解 $1\text{eV} = 1.602 \times 10^{-19}$ C·V（库仑·伏特）$= 1.602 \times 10^{-19}$ J

由 $1\text{eV} = \frac{3kT}{2}$，得 $1\text{eV} = 7.74 \times 10^3$ K 的热运动平均平动能量。

1K 温度的热运动平均平动能量 $= 1.29 \times 10^{-4}$ eV

7. 一容积 11.2×10^{-3} m^3 的真空系统已被抽到 1.33×10^{-3} Pa。为了提高系统的真空度，将它放在 300℃ 的烘箱内烘烤，使器壁释放吸附的气体分子。若烘烤后压强增为 1.33Pa，问器壁原来吸附了多少个分子？

解 设烘烤前真空系统的状态为 $p_0V_0T_0$，则烘烤后系统的状态为 $p_1V_1T_1$，且 $V_0 = V_1$，n_0 为未烘时分子数密度，n_1 为烘后的分子数密度，ΔN 为器壁释放出的气体分子个数。则

$$\Delta N = (n_1 - n_0)V_0 = \left(\frac{p_1}{kT_1} - \frac{p_0}{kT_0}\right)V_0 = \left(\frac{p_1}{T_1} - \frac{p_0}{T_0}\right)\frac{V_0}{k}$$

因 $p_1 \gg p_0$，$T_1 \sim T_0$，

所以 $\Delta N = \frac{p_1}{T_1}\frac{V_0}{k} \approx \frac{1.33}{573} \times \frac{11.2 \times 10^{-3}}{1.38 \times 10^{-23}} = 1.88 \times 10^{18}$ 个

8. 温度为 27℃ 时，1g 氢气、氦气和水蒸气的内能各为多少？

解 氢气、氦气和水蒸气分别为双原子分子、单原子分子和多原子分子。则

氢气 $E = \frac{M}{\mu} \cdot \frac{i}{2}RT = \frac{10^{-3}}{2 \times 10^{-3}} \times \frac{5}{2} \times 8.31 \times (27 + 273) = 3.12 \times 10^3$ J

氦气 $E = \frac{M}{\mu} \cdot \frac{i}{2}RT = \frac{10^{-3}}{4 \times 10^{-3}} \times \frac{3}{2} \times 8.31 \times (27 + 273) = 935$ J

水蒸汽 $E = \frac{M}{\mu} \cdot \frac{i}{2}RT = \frac{10^{-3}}{18 \times 10^{-3}} \times \frac{6}{2} \times 8.31 \times (27 + 273) = 416$ J

9. 计算在 $T = 300$ K 时，氢、氧和水银蒸气的最概然速率、平均速率和方均根速率。

解 氢：$v_p = \sqrt{\frac{2RT}{\mu}} = \sqrt{\frac{2 \times 8.31 \times 300}{2 \times 10^{-3}}} = 1.58 \times 10^3$ m/s

$\bar{v} = \sqrt{\frac{8RT}{\pi\mu}} = \sqrt{\frac{8 \times 8.31 \times 300}{\pi \times 2 \times 10^{-3}}} = 1.78 \times 10^3$ m/s

$$\sqrt{\overline{v^2}} = \sqrt{\frac{3RT}{\mu}} = \sqrt{\frac{3 \times 8.31 \times 300}{2 \times 10^{-3}}} = 1.98 \times 10^3 \, \text{m/s}$$

氧：
$$v_p = \sqrt{\frac{2RT}{\mu}} = \sqrt{\frac{2 \times 8.31 \times 300}{32 \times 10^{-3}}} = 395 \, \text{m/s}$$

$$\bar{v} = \sqrt{\frac{8RT}{\pi\mu}} = \sqrt{\frac{8 \times 8.31 \times 300}{\pi \times 32 \times 10^{-3}}} = 445 \, \text{m/s}$$

$$\sqrt{\overline{v^2}} = \sqrt{\frac{3RT}{\mu}} = \sqrt{\frac{3 \times 8.31 \times 300}{32 \times 10^{-3}}} = 483 \, \text{m/s}$$

水银蒸气：
$$v_p = \sqrt{\frac{2RT}{\mu}} = \sqrt{\frac{2 \times 8.31 \times 300}{200.6 \times 10^{-3}}} = 158 \, \text{m/s}$$

$$\bar{v} = \sqrt{\frac{8RT}{\pi\mu}} = \sqrt{\frac{8 \times 8.31 \times 300}{\pi \times 200.6 \times 10^{-3}}} = 178 \, \text{m/s}$$

$$\sqrt{\overline{v^2}} = \sqrt{\frac{3RT}{\mu}} = \sqrt{\frac{3 \times 8.31 \times 300}{200.6 \times 10^{-3}}} = 193 \, \text{m/s}$$

10. 计算在标准状态下，氢分子的平均自由程和平均碰撞频率。（取分子有效直径：2.7×10^{-10} m；氢气的摩尔质量：2.02×10^{-3} kg/mol）

解 $\bar{\lambda} = \dfrac{kT}{\sqrt{2}\pi d^2 p} = \dfrac{1.38 \times 10^{-23} \times 273}{1.41 \times 3.14 \times (2.7 \times 10^{-10})^2 \times 1.01 \times 10^5} = 11.6 \times 10^{-8} \, \text{m}$

可见在标准状态下，氢分子的平均自由程约为其有效直径的 400 倍。

$$\bar{v} = \sqrt{\frac{8RT}{\pi\mu}} = \sqrt{\frac{8 \times 8.31 \times 273}{\pi \times 2.02 \times 10^{-3}}} = 1.69 \times 10^3 \, \text{m/s}$$

$$\bar{z} = \frac{\bar{v}}{\bar{\lambda}} = \frac{1.69 \times 10^3}{11.6 \times 10^{-8}} = 1.46 \times 10^{10} \, \text{次/s}$$

即平均地讲，每个分子每秒与其他分子碰撞 146 亿次！

11. 已知氮气在范德瓦耳斯方程中的两个改正数分别为 $a = 0.140$（J·m³）/mol，$b = 0.039 \times 10^{-3}$ m³/mol。现将 280g 的氮气不断压缩，问最后趋近的体积是多大？这时分子的内压强是多少？

解 由范德瓦耳斯方程 $\left(p + \dfrac{M^2}{\mu^2} \cdot \dfrac{a}{V^2} \right)\left(V - \dfrac{M}{\mu}b \right) = \dfrac{M}{\mu}RT$

280g 的氮气不断压缩，即 $p \to \infty$，则有

$$V \to \frac{M}{\mu}b = \frac{0.28}{28 \times 10^{-3}} \times 0.039 \times 10^{-3} = 0.39 \times 10^{-3} \, \text{m}$$

这时分子的内压强为

$$p_i = \frac{M^2}{\mu^2} \cdot \frac{a}{V^2} = \left(\frac{0.28}{28 \times 10^{-3}} \right)^2 \times \frac{0.140}{(0.39 \times 10^{-3})^2} = 9.20 \times 10^7 \, \text{Pa}$$

四、补充练习题

1. 一氧气瓶的容积是 32L，其中氧气的压强是 130 大气压。规定瓶内氧气压强降到 10 大气压时就得充气，以免混入其他气体而需要洗瓶。某实验室每天需用 1.0 大气

压的氧气 400L，问一瓶氧气能用几天？

解法一　设未使用前和需要充气时瓶内氧气的质量分别是 M_1 和 M_2。根据理想气体状态方程 $PV = \dfrac{M}{\mu}RT$，可得　　　　$M_1 = \mu \dfrac{P_1V_1}{RT}$，$M_2 = \mu \dfrac{P_2V_2}{RT}$

式中，P_1，V_1 是未使用前氧气的压强和体积；P_2，V_2 是使用到需要充气时氧气的压强和体积，有 $V_1 = V_2$。若设 M_3 为每天用掉的质量，则

$$M_3 = \mu \frac{P_3V_3}{RT}$$

式中，P_3，V_3 是每天用掉的氧气的压强和体积。因此，一瓶氧气的使用天数 n 为

$$n = \frac{M_1 - M_2}{M_3} = \frac{P_1V_1 - P_2V_2}{P_3V_3} = 9.6\mathrm{d}$$

解法二　设想将瓶内氧气的初态（$P_1 = 130$ 大气压，$V_1 = 32\mathrm{L}$）等温膨胀到终态（$P_2 = 10$ 大气压，V_2 待求），同样，将使用的氧气由初态（$P_3 = 1.0$ 大气压，$V_3 = 400\mathrm{L}$）等温压缩到终态（$P_2 = 10$ 大气压，V_2' 待求），然后通过比较体积即可求出使用天数。

根据玻-马定律 $PV = C$（常数），待求的 V_2 和 V_2' 分别为

$$V_2 = \frac{P_1V_1}{P_2}, V_2' = \frac{P_3V_3}{P_2}$$

可供使用的氧气的体积为 $V_2 - V_1$，因此，使用天数 n 为

$$n = \frac{V_2 - V_1}{V_2'} = \frac{P_1V_1 - P_2V_2}{P_3V_3} = 9.6\mathrm{d}$$

2. 容积为 10L 的容器内充有 100g 氧气，容器以 100m/s 的速度匀速运动。突然容器停止运动，气体分子定向运动的动能全部变为热运动动能，且与外界无热量交换。问热平衡后氧气的温度、压强、内能、分子平均动能各增加多少？

解　氧气原定向运动动能为 $N \cdot \dfrac{1}{2}mv^2$，容器停止运动后氧气内能增加 $N \cdot \dfrac{i}{2}k\Delta T$。由能量守恒定律得（$i = 5$）

$$N \cdot \frac{1}{2}mv^2 = N \cdot \frac{i}{2}k\Delta T$$

$$\Delta T = \frac{mV^2}{ik} = \frac{N_0mv^2}{iR} = \frac{\mu v^2}{iR} \qquad (N_0k = R)$$

$$= \frac{32 \times 10^{-3} \times 10^4}{5 \times 8.31} = 7.7\mathrm{K}$$

由 $pV = \dfrac{M}{\mu}RT$ 得

$$\Delta p = \frac{MR}{\mu V}\Delta T = \frac{100 \times 8.31 \times 10^{-3}}{32 \times 10^{-3} \times 10 \times 10^{-3}} \times 7.7 = 2.0 \times 10^4 \mathrm{Pa}$$

由 $E = \dfrac{M}{\mu} \cdot \dfrac{i}{2}RT$ 得

$$\Delta E = \frac{M}{\mu} \cdot \frac{i}{2}R\Delta T = \frac{100 \times 10^{-3}}{32 \times 10^{-3}} \times \frac{5}{2} \times 8.31 \times 7.7 = 499.9\mathrm{J}$$

由 $\bar{\varepsilon} = \dfrac{i}{2}kT$ 得

$$\Delta \bar{\varepsilon} = \frac{i}{2}k\Delta T = \frac{5}{2} \times 1.38 \times 10^{-23} \times 7.7 = 2.66 \times 10^{-22} \text{J}$$

3. 试根据范德瓦耳斯方程，计算温度为 $0℃$，摩尔体积为 0.55L/mol 的二氧化碳的压强，并将结果与用理想气体的物态方程计算的结果相比较。

解　由范德瓦耳斯方程 $\left(p + \dfrac{a}{V_m^2}\right)(V_m - b) = RT$ 可得

$$p = \frac{RT}{V_m - b} - \frac{a}{V_m^2} = \frac{8.21 \times 10^{-2} \times 273}{0.55 - 0.04267} - \frac{3.592}{(0.55)^2} = 44 - 12 = 32 \text{atm}$$

如把二氧化碳看作理想气体，则

$$p' = \frac{RT}{V_m} = \frac{8.21 \times 10^{-2} \times 273}{0.55} = 41 \text{atm}$$

可见 $p < p'$。

（支壮志）

第四章 | 振动学基础

一、基本要求

1. 掌握简谐振动的基本特征和描述简谐振动的物理量。

2. 掌握简谐振动的运动方程及矢量图表示法。能够根据给定的初始条件求出运动方程，或由运动方程求出有关量。

3. 掌握两个同方向、同频率简谐振动的合成规律。

4. 了解两个同方向、不同频率简谐振动的合成规律。

5. 了解两个同频率相互垂直简谐振动的合成规律，了解李萨如图形。

二、要点精讲

1. 描述简谐振动的物理量

（1）振幅 A　物体离开平衡位置的最大距离，$A = |x_{max}|$。

（2）周期 T　物体做一次完全振动所需的时间。

　　　频率 ν　周期的倒数，它表示单位时间内物体完成全振动的次数。

　　　角频率 ω　物体在 2π 秒内所做的完全振动次数。

它们满足
$$\nu = \frac{1}{T}, \ \omega = 2\pi\nu, \ \nu = \frac{2\pi}{T}$$

（3）相位 $(\omega t + \varphi)$　是描述（决定）做简谐振动物体任一瞬时振动状态的物理量，它反映了简谐振动的周期性。初相位 φ 为 $t = 0$ 时刻的相位。

2. 简谐振动的矢量图表示法　略。

3. 简谐振动的运动方程
$$x = A\cos(\omega t + \varphi)$$

式中，ω 由振动系统本身性质决定，对弹簧振子 $\omega = \sqrt{k/m}$，A，φ 由初始条件决定，

即，$A = \sqrt{x_0^2 + \dfrac{v_0^2}{\omega^2}}$，$\tan\varphi = -\dfrac{v_0}{\omega x_0}$，初相 φ 所在的象限由 x_0 及 v_0 的正负号确定。

4. 简谐振动的速度和加速度

速度
$$v = \frac{dx}{dt} = -\omega A\sin(\omega t + \varphi)$$

加速度
$$a = \frac{d^2x}{dt^2} = \frac{dv}{dt} = -\omega^2 A\cos(\omega t + \varphi)$$

5. 简谐振动的能量

动能　　$E_k = \dfrac{1}{2}mv^2 = \dfrac{1}{2}m\omega^2 A^2 \sin^2(\omega t + \varphi) = \dfrac{1}{2}kA^2 \sin^2(\omega t + \varphi)$

势能 $\qquad E_p = \dfrac{1}{2}kx^2 = \dfrac{1}{2}kA^2\cos^2(\omega t + \varphi)$

总机械量 $\qquad E = E_k + E_p = \dfrac{1}{2}m\omega^2A^2 = \dfrac{1}{2}kA^2$

6. 同方向简谐振动的合成

（1）同方向同频率简谐振动的合成 设两个沿同一直线的同频率的简谐振动为

$$x_1 = A_1\cos(\omega t + \varphi_1)，\quad x_2 = A_2\cos(\omega t + \varphi_2)$$

合振动仍为同一直线上的同频率的简谐振动为

$$x = x_1 + x_2 = A\cos(\omega t + \varphi)$$

合振动的振幅 A 和初相 φ，由分振动的振幅和分振动的初相决定，由下式求得

$$A = \sqrt{A_1^2 + A_2^2 + 2A_1A_2\cos(\varphi_2 - \varphi_1)}$$

$$\tan\varphi = \frac{A_1\sin\varphi_1 + A_2\sin\varphi_2}{A_1\cos\varphi_1 + A_2\cos\varphi_2}$$

当 $\Delta\varphi = \varphi_2 - \varphi_1 = \pm2k\pi$，（$k = 0$，1，2，$\cdots$）时，$A = A_1 + A_2$，合振幅最大；

当 $\Delta\varphi = \varphi_2 - \varphi_1 = \pm(2k+1)\pi$，（$k = 0,1,2,\cdots$）时，$A = |A_1 - A_2|$，合振幅最小。

（2）同方向不同频率简谐振动的合成 其合振动不再是简谐振动，但仍然为周期性振动，合振动的频率与分振动中的最低频率相同。

7. 相互垂直简谐振动的合成

（1）相互垂直的同频率简谐振动的合成 一般情况合振动是一个椭圆，其范围在 $2A_1 \times 2A_2$ 矩形内，其形状主要由两个分振动的相位差 $\Delta\varphi = \varphi_2 - \varphi_1$ 决定。

当 $\Delta\varphi = \varphi_2 - \varphi_1 = 0$，或 $\Delta\varphi = \varphi_2 - \varphi_1 = \pi$ 时，合振动轨迹是过原点的一条直线。

当 $\Delta\varphi = \varphi_2 - \varphi_1 = \pm\dfrac{\pi}{2}$ 时，合振动轨迹是以坐标轴为主轴的正椭圆，若 $A_1 = A_2$ 时为圆。

当 $\Delta\varphi$ 为其他值时，合振动轨迹是斜椭圆。

（2）相互垂直的不同频率简谐振动的合成 当两振动频率相差较大，但有简单整数比时，合成运动具有稳定封闭的运动轨迹，称为李萨如图形。利用李萨如图形可测频率。

三、习题与解答

3. 一运动质点的位移与时间的关系为 $x = 0.10\cos\left(\dfrac{5}{2}\pi t + \dfrac{\pi}{3}\right)$ m，求：

（1）周期、角频率、频率、振幅和初相；

（2）$t = 2.0$ s 时质点的位移、速度和加速度。

解 （1）由振动方程可知 $\omega = \dfrac{5\pi}{2}$，又由 $T = \dfrac{2\pi}{\omega}$ 得

周期：$T = 0.80$ s；角频率：$\omega = 2.5\pi$ rad/s；频率：$\nu = \dfrac{1}{T} = 1.25$ Hz；

初相：$\varphi = \dfrac{\pi}{3}$；振幅：$A = 0.10$ m。

（2）当 $t = 2.0$ s 时，

$$x = 0.10\cos\left(\frac{5}{2}\pi t + \frac{\pi}{3}\right) = 0.10\cos\left(\frac{5}{2}\pi \times 2.0 + \frac{\pi}{3}\right) = -0.05\text{m}$$

$$v = -\frac{5\pi}{2} \times 0.10\sin\left(\frac{5}{2}\pi t + \frac{\pi}{3}\right) = -\frac{5\pi}{2} \times 0.10\sin\left(\frac{5}{2}\pi \times 2.0 + \frac{\pi}{3}\right) = 0.69\text{m/s}$$

$$a = -\left(\frac{5\pi}{2}\right)^2 \times 0.10\cos\left(\frac{5}{2}\pi t + \frac{\pi}{3}\right) = -\left(\frac{5\pi}{2}\right)^2 \times 0.10\cos\left(\frac{5}{2}\pi \times 2.0 + \frac{\pi}{3}\right)$$

$$= 3.1\text{m/s}^2$$

4. 已知一简谐振动系统振动曲线如图 4-1 所示，求其振动方程。

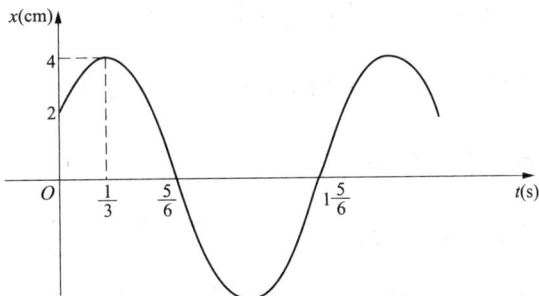

图 4-1

解　设振动方程为 $x = A\cos(\omega t + \varphi)$

由振动曲线知　　　　　　　　　$A = 4\text{cm}$，　$T = 2\text{s}$

$$\omega = \frac{2\pi}{T} = \frac{2\pi}{2} = \pi\text{rad/s}$$

当 $t = 0$ 时，$x_0 = 2\text{cm}$，代入振动方程得 $2 = 4\cos\varphi$，$\varphi = \pm\frac{\pi}{3}$。

由振动曲线看出，比 $t = 0$ 稍大一时刻，质点向正向移动，$v_0 > 0$，

因为 $v_0 = -A\omega\sin\varphi > 0$，所以取 $\varphi = -\frac{\pi}{3}$。

振动方程为　　　　　　　　　$x = 4\cos\left(\pi t - \frac{\pi}{3}\right)\text{cm}$

5. 一物体沿 x 轴做简谐振动，振幅 $A = 0.12\text{m}$，周期 $T = 2.0\text{s}$，当 $t = 0$ 时，物体的位移为 $x_0 = 0.060\text{m}$，且向 x 轴正向运动。求：

（1）简谐振动的表达式；

（2）$t = \frac{T}{4}$ 时物体的位置、速度和加速度；

（3）从初始时刻开始第一次通过平衡位置的时刻。

解　（1）设振动方程为 $x = A\cos(\omega t + \varphi)$，其中 $A = 0.12\text{m}$，$\omega = \frac{2\pi}{T} = \frac{2\pi}{2} = \pi\text{rad/s}$，

由初始条件 $t = 0$，$x_0 = 0.12\cos\varphi = 0.060$ 得 $\varphi = \pm\frac{\pi}{3}$；而 $v_0 = -0.12\pi\sin\varphi > 0$，所

以取 $\varphi = -\frac{\pi}{3}$，故

简谐振动的表达式为 $x = 0.12\cos\left(\pi t - \dfrac{\pi}{3}\right)\text{m}$

（2）当 $t = \dfrac{T}{4} = \dfrac{1}{2}\text{s}$ 时

$$x = 0.12\cos\left(\pi t - \dfrac{\pi}{3}\right) = 0.12\cos\left(\dfrac{\pi}{2} - \dfrac{\pi}{3}\right) = 0.104\text{m}$$

$$v = -0.12\pi\sin\left(\pi t - \dfrac{\pi}{3}\right) = -0.12\pi\sin\left(\dfrac{\pi}{2} - \dfrac{\pi}{3}\right) = -0.188\text{m/s}$$

$$a = -0.12\pi^2\cos\left(\pi t - \dfrac{\pi}{3}\right) = -0.12\pi^2\cos\left(\dfrac{\pi}{2} - \dfrac{\pi}{3}\right) = -1.03\text{m/s}^2$$

（3）通过平衡位置时 $x = 0$，有 $0.12\cos\left(\pi t - \dfrac{\pi}{3}\right) = 0$，即

$$\cos\left(\pi t - \dfrac{\pi}{3}\right) = 0, \pi t - \dfrac{\pi}{3} = (2k+1)\dfrac{\pi}{2}, (k = 0,1,2,\cdots)$$

因为是第一次通过平衡位置，取 $k = 0$，$\pi t - \dfrac{\pi}{3} = \dfrac{\pi}{2}$，$t = \dfrac{5}{6} = 0.83\text{s}$。

6. 一个沿 x 轴做简谐振动的弹簧振子，振幅为 A，周期为 T，其振动方程用余弦函数表示，如果在 $t = 0$ 时，质点的状态分别是：（1）$x_0 = -A$；（2）过平衡位置向正向运动；（3）过 $x = A/2$ 处向负方向运动；（4）过 $x = -A/\sqrt{2}$ 处向正方向运动，试求出相应的初相值，并写出振动方程。

解 设振动方程为 $x = A\cos\left(\dfrac{2\pi}{T}t + \varphi\right)$，当 $t = 0$ 时，$x_0 = A\cos\varphi$，$v_0 = -A\omega\sin\varphi$。

（1）因为 $x_0 = -A$，故 $-A = A\cos\varphi$，$\cos\varphi = -1$，得 $\varphi = \pi$。

振动方程为 $x = A\cos\left(\dfrac{2\pi}{T}t + \pi\right)$

（2）过平衡位置向正向运动，$x_0 = 0$，$v_0 > 0$，即 $A\cos\varphi = 0$，$\varphi = \pm\dfrac{\pi}{2}$，因为 $-A\omega\sin\varphi > 0$，所以取 $\varphi = -\dfrac{\pi}{2}$。

振动方程为 $x = A\cos\left(\dfrac{2\pi}{T}t - \dfrac{\pi}{2}\right)$

（3）过 $x = A/2$ 处向负方向运动，$x_0 = A/2$，$v_0 < 0$，即 $A\cos\varphi = A/2$，$\varphi = \pm\dfrac{\pi}{3}$，因为 $-A\omega\sin\varphi < 0$，所以取 $\varphi = \dfrac{\pi}{3}$。

振动方程为 $x = A\cos\left(\dfrac{2\pi}{T}t + \dfrac{\pi}{3}\right)$

（4）过 $x = -A/2$ 处向正方向运动，$x_0 = -A/2$，$v_0 > 0$，即 $A\cos\varphi = -A/2$，$\varphi = \dfrac{3\pi}{4}$ 或 $\varphi = \dfrac{5\pi}{4}$，因为 $-A\omega\sin\varphi > 0$，所以取 $\varphi = \dfrac{5\pi}{4}$。

振动方程为 $x = A\cos\left(\dfrac{2\pi}{T}t + \dfrac{5\pi}{4}\right)$

7. 一轻弹簧下挂一质量为 0.10kg 的砝码，砝码静止时，弹簧伸长 0.050m，如果我们再把砝码竖直拉下 0.020m，求放手后砝码的振动频率、振幅和能量。

（讨论振动能量时所说的"振动势能在最小值和最大值 $\frac{1}{2}kA^2$ 之间变化"。在上述情况下，这振动势能是否是砝码重力势能和弹簧弹性势能之和？对"零势能"参考位置有无特殊规定？）

解　参照教材图 4-5，弹簧悬挂重物后伸长 $\Delta x = 0.050$m，设此位置为平衡位置 O，此时砝码所受合力为零，有

$$mg = k\Delta x, \quad k = \frac{mg}{\Delta x} = \frac{0.10 \times 9.8}{0.050} = 19.6\text{N/m}$$

振动频率：$\nu = \frac{1}{2\pi}\sqrt{\frac{k}{m}} = \frac{1}{2\pi}\sqrt{\frac{19.6}{0.1}} = 2.2$Hz

振幅：$A = 0.02$m

能量：$E = \frac{1}{2}kA^2 = \frac{1}{2} \times 19.6 \times 0.02^2 = 3.9 \times 10^{-3}$J

上述情况下，振动势能是砝码重力势能和弹簧弹性势能之和。本题的"零势能"应指重力势能与弹性势能之和为零，其点在平衡位置 O 处。

8. 一个水平面上的弹簧振子（轻弹簧劲度系数为 k），所系物体质量为 M，当它做振幅为 A 的自由振动时，有一块粘土（质量为 m，从高度 h 处自由下落）正好落在物体 M 上，问：如果粘土是在 M 通过平衡位置以及在最大位移处落在 M 上。

（1）振动的周期有何变化？

（2）振幅有何变化？

解　（1）弹簧振子的振动周期只与弹簧的劲度系数和振子的质量有关，粘土落在振子上改变了振子的质量，振动周期将发生变化。周期与粘土在何位置落下无关。

粘土 m 落在物体 M 之前，弹簧振子振动的周期为 $T_0 = 2\pi\sqrt{\dfrac{M}{k}}$。

粘土 m 在物体 M 通过平衡位置以及在最大位移处时落在物体 M 上，振动周期相等，为 $T = 2\pi\sqrt{\dfrac{M+m}{k}}$。

（2）设物体 M 通过平衡位置时粘土 m 落下，振动系统的振幅和经过平衡位置时的速度分别为 A_1 和 v_1，粘土 m 落在物体 M 之前，振动系统的振幅和经过平衡位置时的速度分别为 A 和 v，由机械能守恒定律有

$$\frac{1}{2}kA^2 = \frac{1}{2}Mv^2, \quad \frac{1}{2}kA_1^2 = \frac{1}{2}(M+m)v_1^2$$

粘土落下前后，系统的水平方向动量守恒，有

$$Mv = (M+m)v_1$$

解以上 3 个方程得 $\qquad A_1 = \sqrt{\dfrac{M}{M+m}}A$

设物体 M 处于最大位置时粘土 m 落下，系统振动的振幅和速度分别为 A_2 和 v_2，此时 $v_2 = 0$，所以振幅保持不变，即 $A_2 = A$。

9. 一质量为 0.20kg 的质点做简谐振动，其运动方程为 $x = 0.60\sin\left(5t - \dfrac{\pi}{2}\right)$m，求：（1）振动的振幅和周期；（2）质点的初始位置和初始速度；（3）质点在最大位移一半处且向 x 轴正向运动的时刻，它所受的力、速度、加速度；（4）在 $t = \pi$s 和 $t = \dfrac{4\pi}{3}$s 两时刻质点的位移、速度、加速度；（5）振动动能和势能相等时它在哪些位置上？

解（1）由运动方程得

振幅：$A = 0.60$m

周期：$T = \dfrac{2\pi}{\omega} = \dfrac{2\pi}{5} = 1.3$s

（2）$v = \dfrac{\mathrm{d}x}{\mathrm{d}t} = 0.60 \times 5\cos\left(5t - \dfrac{\pi}{2}\right)$，当 $t = 0$ 时，有

初始位置：$x_0 = 0.60\sin\left(-\dfrac{\pi}{2}\right) = -0.60$m

初始速度：$v_0 = \dfrac{\mathrm{d}x}{\mathrm{d}t} = 0.60 \times 5\cos\left(-\dfrac{\pi}{2}\right) = 0$

（3）受力：$F = -kx = -m\omega^2 x = -0.20 \times 5^2 \times (\pm 0.30) = \mp 1.5$N

由于 $\pm 0.30 = 0.60\sin\left(5t - \dfrac{\pi}{2}\right)$，所以 $\sin\left(5t - \dfrac{\pi}{2}\right) = \pm\dfrac{1}{2}$，

因为沿 x 轴正方向运动，所以 $\cos\left(5t - \dfrac{\pi}{2}\right) > 0$，$\cos\left(5t - \dfrac{\pi}{2}\right) = \dfrac{\sqrt{3}}{2}$，

速度：$v = 0.60 \times 5\cos\left(5t - \dfrac{\pi}{2}\right) = 3.0 \times \dfrac{\sqrt{3}}{2} = 2.6$m/s

加速度：$a = -0.60 \times 5^2 \sin\left(5t - \dfrac{\pi}{2}\right) = -0.60 \times 25 \times \left(\pm\dfrac{1}{2}\right) = \mp 7.5$m/s^2

（4）当 $t = \pi$s 时，

$x = 0.60\sin\left(5t - \dfrac{\pi}{2}\right) = 0.60\sin\left(5\pi - \dfrac{\pi}{2}\right) = 0.60$m

$v = \dfrac{\mathrm{d}x}{\mathrm{d}t} = 0.60 \times 5\cos\left(5t - \dfrac{\pi}{2}\right) = 0.60 \times 5\cos\left(5\pi - \dfrac{\pi}{2}\right) = 0$

$a = \dfrac{\mathrm{d}v}{\mathrm{d}t} = -0.60 \times 5^2 \sin\left(5t - \dfrac{\pi}{2}\right) = -0.60 \times 5^2 \sin\left(5\pi - \dfrac{\pi}{2}\right) = -15$m/s^2

当 $t = \dfrac{4\pi}{3}$s 时，

$x = 0.60\sin\left(5t - \dfrac{\pi}{2}\right) = 0.60\sin\left(5 \times \dfrac{4\pi}{3} - \dfrac{\pi}{2}\right) = 0.30$m

$v = \dfrac{\mathrm{d}x}{\mathrm{d}t} = 0.60 \times 5\cos\left(5t - \dfrac{\pi}{2}\right) = 0.60 \times 5\cos\left(5 \times \dfrac{4\pi}{3} - \dfrac{\pi}{2}\right) = 2.6$m/s

$a = \dfrac{\mathrm{d}v}{\mathrm{d}t} = -0.60 \times 5^2 \sin\left(5t - \dfrac{\pi}{2}\right) = -0.60 \times 5^2 \sin\left(5 \times \dfrac{4\pi}{3} - \dfrac{\pi}{2}\right) = -7.5$m/s^2

（5）因为 $E_k + E_p = E = \dfrac{1}{2}kA^2$，当振动动能和势能相等时，有

$$\frac{1}{2}kx^2 = \frac{1}{2} \times \frac{1}{2}kA^2$$

$$x = \pm\frac{\sqrt{2}}{2}A = \pm\frac{\sqrt{2}}{2} \times 0.60 = \pm 0.42\text{m}$$

10. 已知两个同方向简谐振动分别为 $x_1 = 0.050\cos\left(10t + \frac{3\pi}{5}\right)$，$x_2 = 0.060$ $\cos\left(10t + \frac{\pi}{5}\right)\text{m}$，求：（1）它们合振动的振幅和初相；（2）另有一同方向简谐振动 $x_3 = 0.070\cos(10t + \varphi)\text{m}$，$\varphi$ 为何值时，$x_1 + x_3$ 的振幅为最大？φ 为何值时，$x_1 + x_3$ 的振幅为最小？

解 （1）$A = \sqrt{A_1^2 + A_2^2 + 2A_1A_2\cos(\varphi_2 - \varphi_1)}$

$$= \sqrt{0.05^2 + 0.06^2 + 2 \times 0.05 \times 0.06\cos\left(\frac{\pi}{5} - \frac{3\pi}{5}\right)}$$

$$= 0.0892\text{m}$$

$$\tan\varphi = \frac{A_1\sin\varphi_1 + A_2\sin\varphi_2}{A_1\cos\varphi_1 + A_2\cos\varphi_2} = \frac{0.05\sin\frac{3\pi}{5} + 0.06\sin\frac{\pi}{5}}{0.05\cos\frac{3\pi}{5} + 0.06\cos\frac{\pi}{5}} = 2.5$$

$$\varphi = 68.21°$$

（2）当 $\varphi - \varphi_1 = \pm 2k\pi$，即 $\varphi = \pm 2k\pi + \frac{3\pi}{5}$时，（$k = 0, 1, 2, \cdots$）

$x_1 + x_3$ 振幅最大为 $A = A_1 + A_3 = 0.05 + 0.07 = 0.12\text{m}$

当 $\varphi - \varphi_1 = \pm(2k+1)\pi$，即 $\varphi = \pm(2k+1)\pi + \frac{3\pi}{5}$时，（$k = 0, 1, 2, \cdots$）

$x_1 + x_3$ 振幅最小为 $A = |A_1 - A_3| = |0.05 - 0.07| = 0.02\text{m}$

四、补充练习题

1. 弹簧下端挂一物体后，弹簧伸长量为 $9.8 \times 10^{-2}\text{m}$，若令物体上下振动，求：

（1）振动周期；

（2）使其在平衡位置上方 0.1m 处由静止开始运动，求振幅、初相及振动方程。

解 弹簧振子振动的角频率是由系统本身决定的，如果已知初始条件，就可以确定振幅、初相，然后写出振动方程。

（1）设挂上物体达到平衡时弹簧伸长量为 Δx，有 $k\Delta x = mg$。

角频率为 $\omega = \sqrt{\frac{k}{m}} = \sqrt{\frac{g}{\Delta x}} = \sqrt{\frac{9.8}{9.8 \times 10^{-2}}} = 10\text{rad/s}$

周期为 $T = 2\pi\sqrt{\frac{m}{k}} = 2\pi\sqrt{\frac{\Delta x}{g}} = 2\pi\sqrt{\frac{9.8 \times 10^{-2}}{9.8}} = 0.63\text{s}$

（2）如图 4-2 所示，取平衡位置为坐标原点，向上为 x 轴正向，初始条件为：当 $t = 0$ 时，$x_0 = 0.1\text{m}$，$v_0 = 0$，即

$$x_0 = A\cos\varphi = 0.1 \qquad\qquad (1)$$

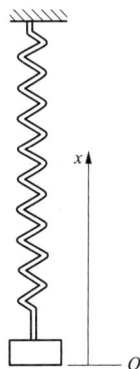

图 4-2

$$v_0 = -\omega A \sin\varphi = 0 \qquad\qquad (2)$$

由（1）式和（2）式联立解得 $A = 0.1\text{m}$，$\varphi = 0$

振动方程为 $\qquad\qquad x = 0.1\cos 10t\ \text{m}$

2. 两个同方向、同频率的简谐振动的运动方程为 $x_1 = 8.0\cos\left(5\pi t + \dfrac{\pi}{3}\right)\text{m}$ 和 $x_2 = 6.0\cos\left(5\pi t - \dfrac{\pi}{6}\right)\text{m}$，试求它们的合振动的运动方程。

解 $A = \sqrt{A_1^2 + A_2^2 + 2A_1 A_2\cos(\varphi_2 - \varphi_1)} = \sqrt{8^2 + 6^2 + 2\times 8\times 6\cos\left(-\dfrac{\pi}{6} - \dfrac{\pi}{3}\right)} = 10\text{m}$

$$\tan\varphi = \frac{A_1\sin\varphi_1 + A_2\sin\varphi_2}{A_1\cos\varphi_1 + A_2\cos\varphi_2} = \frac{8\sin\dfrac{\pi}{3} + 6\sin-\dfrac{\pi}{6}}{8\cos\dfrac{\pi}{3} + 6\cos-\dfrac{\pi}{6}} = 0.43$$

$$\varphi = 0.128\pi$$

合振动的运动方程 $\qquad x = 10\cos(5\pi t + 0.128\pi)\text{m}$

3. 一轻弹簧的劲度系数为 k，下悬一质量为 m 的盘子。现有一质量为 M 的物体从离盘 h 高度处自由下落到盘中并和盘子粘在一起，于是盘子开始振动。

（1）此时的振动周期与空盘子做振动时的周期有何不同？

（2）此时的振幅有多大？

（3）取平衡位置为原点，位移向下为正，并以弹簧开始振动时作为计时起点，求初相，并写出物体与盘子的振动方程。

解 （1）空盘子 m 做振动时的周期：$T = 2\pi\sqrt{\dfrac{m}{k}}$

空盘子 m 和物体 M 一起做振动的周期：$T = 2\pi\sqrt{\dfrac{m+M}{k}}$

空盘子 m 和物体 M 一起做振动的角频率：$\omega = \sqrt{\dfrac{k}{m+M}}$

（2）空盘子 m 和物体 M 一起做振动的平衡位置 O 作为坐标原点，位移向下为坐标正方向。

空盘子 m 使弹簧伸长 l_0：$-kl_0 + mg = 0$，$l_0 = mg/k$

空盘子 m 和物体 M 一起使弹簧伸长 Δl：$-k\Delta l + (m+M)g = 0$，$\Delta l = (m+M)g/k$

若以空盘子 m 和物体 M 相碰瞬时为计时起点，则初始位置为空盘子 m 处于平衡时的位置，即

$$x_0 = -(\Delta l - l_0) = -Mg/k$$

振动的初速度 v_0，可由空盘子 m 和物体 M 碰撞时动量守恒定律求得。

碰撞前物体 M 的速度为 $\qquad \sqrt{2gh}$

根据动量守恒定律 $\qquad M\sqrt{2gh} = (M+m)v_0$

所以 $\qquad\qquad v_0 = \dfrac{M\sqrt{2gh}}{M+m}$

振幅 $\qquad\qquad A = \sqrt{x_0^2 + \dfrac{v_0^2}{\omega^2}} = \dfrac{Mg}{k}\sqrt{1 + \dfrac{2hk}{(M+m)g}}$

（3）根据 $\tan\varphi = -\dfrac{v_0}{\omega x_0}$，得 $\varphi = \tan^{-1}\sqrt{\dfrac{2hk}{(M+m)g}}$。

根据题意 $x_0 < 0$，$v_0 > 0$，由于 $x_0 = A\cos\varphi$，$v_0 = -A\omega\sin\varphi$，所以 $\pi < \varphi < \dfrac{3\pi}{2}$，故初相位

$$\varphi = \pi + \tan^{-1}\sqrt{\dfrac{2hk}{(M+m)g}}$$

设振动方程为 $x = A\cos(\omega t + \varphi)$，将 A、ω、φ 代入方程得

$$x = \frac{Mg}{k}\sqrt{1 + \frac{2hk}{(M+m)g}}\cos\left[\sqrt{\frac{k}{(M+m)}}t + \pi + \tan^{-1}\sqrt{\frac{2hk}{(M+m)g}}\right]$$

（张盛华）

第五章 波动学基础

一、基本要求

1. 理解机械波产生的条件；掌握根据已知质点的简谐运动方程建立平面简谐波的波函数的方法，理解波函数、波形曲线的物理意义。

2. 了解波的能量传播特征及能流、能流密度概念。

3. 理解惠更斯原理和波的叠加原理；掌握波的相干条件，能应用相位差和波程差分析、确定相干波叠加后振幅加强和减弱的条件。

4. 理解驻波及其形成条件，波腹、波节的意义及其位置；了解驻波和行波的区别。

5. 了解声强和声强级的概念；了解机械波的多普勒效应及其产生的原因，掌握多普勒频移的一般计算方法。

二、要点精讲

1. 波动的基本概念

（1）机械波　机械振动在介质中的传播过程称为机械波。形成机械波必须有波源（振动物体）和传播介质。

（2）波速（相速）u　振动状态（即相位）在单位时间内所传播的距离。它与波动的特性无关，仅取决于传播介质的性质。

（3）波长 λ　沿波传播方向上两个相邻的相位相同振动质点之间的距离，即一个完整波形的间距。它反映波在空间上的周期性。

（4）波的周期 T　波前进一个波长的距离所需要的时间，它反映波在时间上的周期性。

（5）波的频率 ν　单位时间通过波线上某点的完整波形数目，它与介质质点的振动频率相等。

（6）角波数与角频率　$k = 2\pi/\lambda$，表示在单位距离内相位的变化；$\omega = 2\pi/T$ 表示单位时间里相位的变化；k 与 ω 的关系为 $u = \omega/k$。

（7）波速、波长、周期、频率之间的关系

$$u = \frac{\lambda}{T} = \lambda \nu$$

注：横波与纵波并非由波源的振动方向决定，而是由介质的类别（气体、液体和固体）决定；同样，波的传播速度只与介质的性质（密度和弹性模量等）有关。

2. 平面简谐波

（1）简谐波和平面机械波　波源和介质中各质点都做简谐振动且波面为平面的波动。各种复杂的波均可看成是由许多不同频率的简谐波的叠加。

（2）平面简谐波的波函数

$$y(x,t) = A\cos\left[\omega\left(t \mp \frac{x}{u}\right) + \varphi_0\right] = A\cos\left[2\pi\left(\frac{t}{T} \mp \frac{x}{\lambda}\right) + \varphi_0\right]$$

$$= A\cos\left[2\pi\left(\nu t \mp \frac{x}{\lambda}\right) + \varphi_0\right] = A\cos\left[(\omega t \mp kx) + \varphi_0\right]$$

其中，"$-$"表示波沿 x 轴正方向传播；"$+$"表示波沿 x 轴负方向传播。

3. 波传播的能量

（1）能量密度　为单位体积介质中的波动能量。

$$\varepsilon = \frac{dE}{dV} = \rho A^2 \omega^2 \sin^2 \omega\left(t - \frac{x}{u}\right)$$

平均能量密度为一个周期内能量密度的平均值。

$$\bar{\varepsilon} = \frac{1}{2}\rho A^2 \omega^2$$

（2）能流密度　为单位时间内通过垂直于波传播方向的单位面积的平均能量。

$$I = \frac{1}{2}\rho A^2 \omega^2 u$$

能流密度是矢量，方向与波速方向相同，大小表示波的强度，在均匀、各向同性、无损耗的介质中，平面波的强度不变，球面波的强度与半径的平方成反比。

注意：波的能量和振动能量有显著差别，振动的能量在封闭系统内转化，而波的能量是流动的，质点的动能、势能相等，其之和不为常量。

4. 惠更斯原理　介质中波动传到的各点都可以看作是发射子波的波源，在其后的任一时刻，这些子波的包迹就是新的波前。

5. 波的叠加原理　几列波可以互不影响地通过相遇区域；在相遇区域内，任一质点的振动位移是各个波单独存在时在该点引起的位移矢量和。

6. 波的干涉

（1）波的干涉现象　波在空间相遇，出现某些地方质点振动加强，某些地方振动减弱或完全抵消的现象。能产生干涉现象的两列波称为相干波，相应的波源称为相干波源。

（2）波的相干条件　频率相同、振动方向相同、相位相同或相位差恒定。

（3）干涉加强和减弱条件　两相干波源发出的波在空间某处相遇叠加时，干涉加强或减弱的条件由两波在相遇处的相位差 $\Delta\varphi$ 决定。

$$\Delta\varphi = \varphi_2 - \varphi_1 - 2\pi\frac{r_2 - r_1}{\lambda}$$

式中，$\Delta\varphi = \pm 2k\pi$，（$k = 0$，1，2，$\cdots$），合振幅最大，$A = A_1 + A_2$。

$\Delta\varphi = \pm(2k+1)\pi$，（$k = 0$，1，2，$\cdots$），合振幅最小，$A = |A_1 - A_2|$。

若两相干波源的振动初相位相同，干涉条件也可用波程差 δ 来表示。

$$\delta = r_1 - r_2 = \begin{cases} \pm k\lambda, & (k = 0, 1, 2, \cdots), & A = A_1 + A_2 \\ \pm(2k+1)\dfrac{\lambda}{2}, & (k = 0, 1, 2, \cdots), & A = |A_1 - A_2| \end{cases}$$

7. 驻波　为两列振幅相同的相干波沿相反方向传播时，叠加而形成的波。相邻波幅或波节之间的距离为 $\lambda/2$，相邻波节与波幅间的距离为 $\lambda/4$。

8. 声波　为频率在 $20\,\mathrm{Hz} \sim 20\,\mathrm{kHz}$ 的机械纵波。

（1）声压　在某一时刻，介质中某一点的压强与无声波通过时的压强之差，称为该点的（瞬时）声压。

（2）声强　即声波的能流密度，为单位时间内通过垂直于声波传播方向的单位面积的声波能量。声强与声压的平方成正比。

（3）声强级　使用对数标度来量度声强，对于声强为 I 的声波的声强级为

$$I.\ L. = \lg\frac{I}{I_0} \quad (B) \quad \text{或} \quad I.\ L. = 10\lg\frac{I}{I_0} \quad (dB)$$

式中，$I_0 = 10^{-12}\,\text{W/m}^2$ 为对应于频率为 1000 Hz 闻阈的声强。

（4）多普勒效应　由于波源或观测者的运动，造成观测频率与波源频率不同的现象，又称多普勒频移。

$$\nu' = \frac{u \pm v}{u \mp V}\nu$$

式中，观测者向着波源运动时，v 前取正号，离开时取负号；波源向着观测者运动时，V 前取负号，离开时取正号。

如果波源速度和观测者速度不共线时，以上各式中的 V 和 v 应理解为波源速度和观测者速度在它们连线上的分量。

三、习题与解答

1. 已知波源在原点（$x = 0$）的平面简谐波的方程为 $y = A\cos(at - bx)$，其中 A、a、b 为正值恒量。试求：（1）波的振幅、波速、频率、周期和波长；（2）传播方向上距离波源 l 处一点的振动方程；（3）任意时刻在波传播方向上相距为 L 的两点的相位差。

解　（1）将题给方程与波动方程的标准形式 $y = A\cos(\omega t - kx)$ 比较可知：波的振幅为 A，波速 $u = \omega/k = a/b$，频率 $f = \omega/(2\pi) = a/(2\pi)$，周期 $T = 1/f = 2\pi/a$，波长 $\lambda = u/f = 2\pi/b$。

（2）已知 $x = l$，代入波动方程便得该点的振动方程 $y = A\cos(at - bl)$。

（3）因为波线上相距为 λ 的两点的相位差为 2π，所以任意时刻在波线上相距为 L 的两点间的相位差为

$$\Delta\varphi = \frac{L}{\lambda} \times 2\pi = Lb$$

2. 一横波沿绳子传播时的波动方程为 $y = 0.05\cos(10\pi t - 4\pi x)\,\text{m}$。试求：（1）波的振幅、波速、频率和波长；（2）绳子上各质点振动时的最大速度和加速度；（3）求 $x = 0.2\,\text{m}$ 处的质点，在 $t = 1\,\text{s}$ 的相位，它是原点处质点在哪一时刻的相位？这一相位所代表的运动状态在 $t = 1.25\,\text{s}$ 时刻到达哪一点？在 $t = 1.5\,\text{s}$ 时刻到达哪一点？（4）分别图示 $t = 1$，1.1，1.25 和 1.5 s 各时刻的波形。

解　（1）据波动方程的标准形式 $y = A\cos(\omega t - kx)$，可得 $A = 0.05\,\text{m}$，$u = \omega/k = 10\pi/4\pi = 2.5\,\text{m/s}$，$f = \omega/2\pi = 10\pi/2\pi = 5\,\text{Hz}$，$\lambda = u/f = 0.5\,\text{m}$。

（2）绳子上各质点振动时的最大速度　$v_{\max} = \omega A = 10\pi \times 0.05 = 0.5\pi\,\text{m/s}$

最大加速度　$a_{\max} = \omega^2 A = (10\pi)^2 \times 0.05 = 5\pi^2\,\text{m/s}^2$

（3）$x = 0.2\,\text{m}$，$t = 1\,\text{s}$ 时的相位为 $10\pi t - 4\pi x = 9.2\pi$。由于 $x = 0.2\,\text{m}$ 处的振动比原点落后时间为 $x/u = 0.2/0.25 = 0.08\,\text{s}$，故 $x = 0.2\,\text{m}$，$t = 1\,\text{s}$ 时的相位就是原点（$x = 0$），

在 $t_0 = 1 - 0.08 = 0.92\text{s}$ 时的相位。设这一相位所代表的运动状态在 $t_1 = 1.25\text{s}$ 时刻到达 x_1 点，在 $t_2 = 1.5\text{s}$ 时刻到达 x_2 点，则

$$x_1 = x + u(t_1 - t) = 0.2 + 2.5 \times (1.25 - 1) = 0.825\text{m}$$

$$x_2 = x + u(t_2 - t) = 0.2 + 2.5 \times (1.5 - 1) = 1.45\text{m}$$

（4）在 $t = 1, 1.1, 1.25$ 和 1.5s 各时刻的波形如图 5-1 所示。

3. 已知平面余弦波波源的振动周期为 0.5s，所激起波的波长为 10m，振幅为 0.1m，当 $t = 0$ 时，波源处振动的位移恰为正方向的最大值，取波源处为原点并设波沿正方向传播，求：（1）此波波动方程；（2）沿波传播方向距离波源为 $\lambda/2$ 处的振动方程；（3）当 $t = T/4$ 时，波源和距离波源为 $\lambda/4, \lambda/2, 3\lambda/4$ 及 λ 的各点各自离开平衡位置的位移；（4）当 $t = T/2$ 时，波源和距离波源为 $\lambda/4$，$\lambda/2, 3\lambda/4$ 及 λ 的各点各自离开平衡位置的位移，并根据（3）、（4）计算结果画出 $y - x$ 波形曲线；（5）当 $t = T/2$ 和 $T/4$ 时，距离波源为 $\lambda/4$ 处质点的振动速度。

解（1）由题给出的初始条件可判断波源初相位为 0，将 $T = 0.5\text{s}$、$\lambda = 10\text{m}$、$A = 0.1\text{m}$、代入波函数标准式，可得所求波函数为

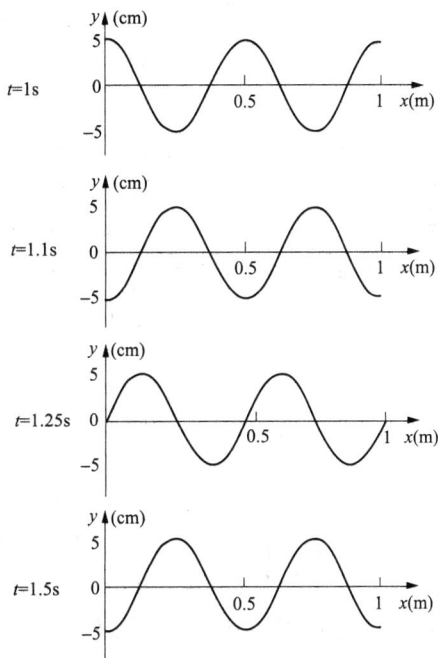

图 5-1

$$y = A\cos 2\pi\left(\frac{t}{T} - \frac{x}{\lambda}\right) = 0.1\cos 2\pi\left(\frac{t}{0.5} - \frac{x}{10}\right)$$

$$= 0.1\cos 2\pi(2t - 0.1x), \quad (x \geqslant 0)$$

（2）$x = \lambda/2 = 5\text{m}$ 时，该点振动方程为 $y = 0.1\cos(4\pi t - \pi)$

（3）$t = T/4$，波源处 $x_0 = 0$，位移 $y_0 = 0.1\cos\pi/2 = 0$

$x_1 = \lambda/4$ 处，位移 $y_1 = 0.1\cos\left(\frac{\pi}{2} - \frac{\pi}{2}\right) = 0.1\text{m}$

$x_2 = \lambda/2$ 处，位移 $y_2 = 0.1\cos\left(\frac{\pi}{2} - \pi\right) = 0$

$x_3 = 3\lambda/4$ 处，位移 $y_3 = 0.1\cos\left(\frac{\pi}{2} - \frac{3\pi}{2}\right) = -0.1\text{m}$

$x_4 = \lambda$ 处，位移 $y_4 = 0.1\cos\left(\frac{\pi}{2} - 2\pi\right) = 0$

（4）$t = T/2$，$x_0 = 0$，位移 $y_0 = 0.1\cos\pi = -0.1\text{m}$

$x_1 = \lambda/4$ 处，位移 $y_1 = 0.1\cos\left(\pi - \frac{\pi}{2}\right) = 0$

$x_2 = \lambda/2$ 处，位移 $y_2 = 0.1\cos(\pi - \pi) = 0.1\text{m}$

$x_3 = 3\lambda/4$ 处，位移 $y_3 = 0.1\cos\left(\pi - \frac{3\pi}{2}\right) = 0$

$x_4 = \lambda$ 处，位移 $y_4 = 0.1\cos(\pi - 2\pi) = -0.1\text{m}$

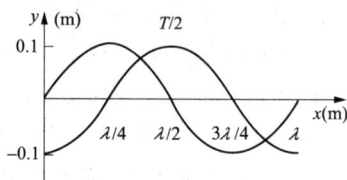

图 5 - 2

波形曲线如图 5 - 2 所示。

（5）$x = \lambda/4$ 时，则 $y = 0.1\cos\left(4\pi t - \dfrac{\pi}{2}\right)$。

因 $v = \dfrac{dy}{dt} = -0.4\pi\sin\left(4\pi t - \dfrac{\pi}{2}\right)\text{m/s}$

$t = \dfrac{T}{4}$ 时，$v = -0.4\pi\sin\left(\dfrac{\pi}{2} - \dfrac{\pi}{2}\right) = 0$

$t = \dfrac{T}{2}$ 时，$v = -0.4\pi\sin\left(\pi - \dfrac{\pi}{2}\right) = -0.4\pi\text{m/s}$

4. 一平面简谐波，沿直径为 0.16m 的圆柱形管中的空气传播，波的平均强度为 $8.6 \times 10^{-3}\text{W/m}^2$，频率为 258Hz，波速为 340m/s，问波的平均能量密度和最大能量密度各是多少？每两个相邻的、相位差为 2π 的波段中的空气中有多少能量？

解 （1）波的平均能量密度和最大能量密度

$$\bar{\varepsilon} = \frac{I}{u} = \frac{8.6 \times 10^{-3}}{340} = 2.5 \times 10^{-5}\text{J/m}^3$$

$$\varepsilon_{\max} = 2\bar{\varepsilon} = 2 \times 2.5 \times 10^{-5} = 5.0 \times 10^{-5}\text{J/m}^3$$

（2）两个相邻相位差为 2π 的波段中的能量

$$E = \bar{\varepsilon} \times \pi\left(\frac{D}{2}\right)^2 \times \frac{u}{v} = 2.5 \times 10^{-5}\pi\left(\frac{0.16}{2}\right)^2 \times \frac{340}{258} = 6.62 \times 10^{-7}\text{J}$$

5. 设平面横波 1 沿 BP 方向传播，平面横波 2 沿 CP 方向传播，两波在 B 点和 C 点的振动方程分别为 $y_1 = 4.0 \times 10^{-3}\cos 2\pi t$ 和 $y_2 = 4.0 \times 10^{-3}\cos(2\pi t + \pi)$，$y$ 的单位为 m，t 为 s。P 与 B 相距 0.50m，与 C 相距 0.60m，波速为 0.40m/s，求：（1）两波传到 P 处时的相位差；（2）在 P 处合振动的振幅。

解 （1）两波的 $\omega = 2\pi$，$u = 0.4\text{m/s}$，$\lambda = uT = 2\pi u/\omega = 0.4\text{m}$。

两波传到 P 处时的相位差 $\Delta\varphi = \varphi_{20} - \varphi_{10} - \dfrac{2\pi}{\lambda}(r_2 - r_1) = \pi - \dfrac{2\pi}{0.40} \times (0.60 - 0.50) = \dfrac{\pi}{2}$

（2）在 P 处振动的振幅

$$A = \sqrt{A_1^2 + A_2^2 + 2A_2 A_2 \cos\Delta\varphi} = \sqrt{A_1^2 + A_2^2} = \sqrt{2} \times 4.0 \times -10^{-3} = 0.566 \times 10^{-3}\text{m}$$

6. S_1 和 S_2 是两相干波源，相距 1/4 波长，S_1 比 S_2 的相位超前 $\pi/2$。设两波在 S_1S_2 连线方向上的强度相同且不随距离变化，试求：（1）$S_1 S_2$ 连线上在 S_1 外侧各点处的合成的强度；（2）在 S_2 外侧各点处的强度。

解 （1）因 $\overline{S_1 S_2} = \dfrac{1}{4}\lambda$，$\varphi_1 - \varphi_2 = \dfrac{\pi}{2}$，设 P 点为 S_1 外侧的任一点，r_1 和 r_2 分别为 S_1 和 S_2 到 P 点的距离。则 $\Delta\varphi = \varphi_1 - \varphi_2 - 2\pi\dfrac{r_1 - r_2}{\lambda} = \dfrac{\pi}{2} + 2\pi\dfrac{\lambda}{4\lambda} = \pi$（反相），合振幅 $A = |A_1 - A_2| = 0$，因 $I \propto A^2$，故 S_1 外侧的任意点 P 处的强度 $I = 0$。

（2）设 Q 点为 S_2 外侧的任一点，$\Delta\varphi = \varphi_1 - \varphi_2 - 2\pi\dfrac{r_1' - r_2'}{\lambda} = \dfrac{\pi}{2} - 2\pi\dfrac{\lambda}{4\lambda} = 0$（同相），合振幅 $A = A_1 + A_2 = 2A_1$（或 $2A_2$），因 $I \propto A^2 = (2A_1)^2 = 4A_1^2$，$I = 4I_1$，即 Q 点强度为原来单列波强度的 4 倍。

7. 一波源做简谐振动，振幅为 A，周期为 0.01s，经平衡位置向正方向运动时，作为计时起点。设此振动以 400m/s 的速度传播，求：（1）若振幅 A 不变，写出此波的波函数；（2）距波源 16m 处质点的振动方程；（3）距波源 16m 和 20m 处两质点的相位差是多少？

解　（1）以波源振动的平衡位置处为坐标原点 O，以波线方向为 Ox 轴正方向。由题设 $t=0$ 时，$y=0$，且 $v>0$。则波源振动的初相位 $\varphi_0=-\pi/2$，波源的振动方程为

$$y_0=A\cos(\omega t+\varphi_0)=A\cos\left(\frac{2\pi}{T}t-\frac{\pi}{2}\right)=A\cos\left(200\pi t-\frac{\pi}{2}\right)$$

因此波函数　　$y=A\cos\left[200\pi\left(t-\frac{x}{u}\right)-\frac{\pi}{2}\right]=A\cos\left[200\pi\left(t-\frac{x}{400}\right)-\frac{\pi}{2}\right]$

（2）$x_1=16$m 时，

$$y=A\cos\left[200\pi\left(t-\frac{x}{400}\right)-\frac{\pi}{2}\right]=A\cos(200\pi t-8.5\pi)=A\cos\left(200\pi t-\frac{\pi}{2}\right)$$

（3）$x_1=16$m 和 $x_2=20$m 处两质点的相位差

$$\Delta\varphi=\varphi_1-\varphi_2=200\pi\frac{x_2-x_1}{400}=200\pi\frac{20-16}{400}=2\pi\quad(\text{即 16m 处质点超前})$$

8. 图 5-3 为声音干涉仪，用以演示声波的干涉，S 为受电磁铁影响而振动的薄膜，D 为声音探测器，如耳或话筒，路径 SBD 的长度可以变化，而路径 SAD 的长度是固定的，干涉仪内是空气，现测知声音强度在 B 的第一位置时为极小值 100 单位，而渐增至 B 距第一位置为 1.65×10^{-2}m 的第二位置时，有极大值 900 单位。求：（1）声源发出的声波频率；（2）抵达探测器的两波的相对振幅（设空气中声速为 330m/s）。

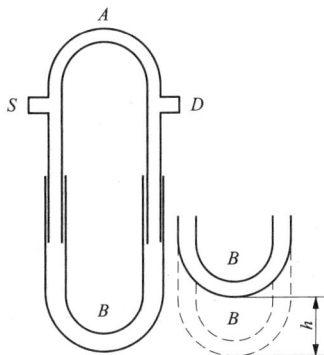
图 5-3

解　（1）相干波的合成从极大到相邻极小之间的相位变化为 π，对应的波程差变化 $2h=\lambda/2$，即

$$\lambda=2\times(2h)=4\times1.65\times10^{-2}=6.60\times10^{-2}\text{m}$$

$$v=\frac{u}{\lambda}=\frac{330}{6.60\times10^{-2}}=5000\text{Hz}$$

（2）两合成波的相对振幅

$$\frac{A'}{A''}=\frac{\sqrt{I'}}{\sqrt{I''}}=\frac{\sqrt{100}}{\sqrt{900}}=\frac{1}{3},\quad\text{即 }A''=3A'$$

B 在第一位置和第二位置处合成波的振幅与两列波的振幅关系为

$$A'=A_1-A_2\ (\text{令 }A_1>A_2)\ ;\quad A''=A_1+A_2$$

解上面两式得　　$A_1=\frac{1}{2}(A''+A')=2A'\ ;\quad A_2=\frac{1}{2}(A''-A')=A'$

所以　　　　　　　　　　　　$$\frac{A_1}{A_2}=\frac{2A'}{A'}=\frac{2}{1}$$

9. 已知飞机马达的声强级为 110dB，求它的声强。

解　$I\cdot L=10\lg\dfrac{I}{I_0}=10\lg I-10\lg I_0$，因 $I\cdot L=110$dB，$I_0=10^{-12}$W/m^2

所以 $\lg I = I \cdot L + \lg I_0 = 11 - 12 = -1$，$I = 0.1\text{W/m}^2$

10. 两种声音的声强级相差1dB，求它们的强度之比。

解 由 $I_1 \cdot L - I_2 \cdot L = 1\text{dB}$，即 $10\lg\dfrac{I_1}{I_0} - 10\lg\dfrac{I_2}{I_0} = 1$

故 $\lg\dfrac{I_1}{I_2} = \dfrac{1}{10}$，$\dfrac{I_1}{I_2} = 10^{\frac{1}{10}} = 1.26$

11. 两列波在同一根长弦上传播，弦的左右端各系在一振荡器上，它们所产生的波的表达式分别为 $y_1 = 6\cos\dfrac{\pi}{2}(8t + 0.02x)$ 和 $y_2 = 6\cos\dfrac{\pi}{2}(8t - 0.02x)$，式中 y 与 x 的单位为 cm，t 为 s。求：（1）各波的频率、波长和波速；（2）波节和波幅的位置。

解 （1）$y_1 = 6\cos\dfrac{\pi}{2}(8t + 0.02x) = 6\cos 4\pi\left(t + \dfrac{x}{400}\right)$，沿 x 负方向传播；

$y_2 = 6\cos\dfrac{\pi}{2}(8t - 0.02x) = 6\cos 4\pi\left(t - \dfrac{x}{400}\right)$；沿 x 正方向传播。

$\omega = 4\pi$，$u = 4\text{m/s}$，$v = \dfrac{\omega}{2\pi} = 2\text{Hz}$，$\lambda = \dfrac{u}{v} = \dfrac{4}{2} = 2\text{m}$

（2）$y = y_1 + y_2 = 6\cos 4\pi\left(t + \dfrac{x}{400}\right) + 6\cos 4\pi\left(t - \dfrac{x}{400}\right)\text{cm}$

$\qquad = 0.12\cos\pi x\cos 4\pi t\text{cm}$，为驻波方程

当 $\cos\pi x = 0$ 为波节处，$\pi x = k\pi + \dfrac{\pi}{2}$，$x = k + \dfrac{1}{2}$ （$k = 0, \pm1, \pm2, \cdots$）

故 $x = \pm\dfrac{1}{2}, \pm\dfrac{3}{2}, \pm\dfrac{5}{2}, \cdots\text{m}$

当 $|\cos\pi x| = 1$ 为波腹处，$\pi x = k\pi$，$x = k$ （$k = 0, \pm1, \pm2, \cdots$）

所以 $x = 0, \pm1, \pm2, \cdots\text{m}$

12. 装于海底的超声波探测器发出一束频率为30000Hz的超声波，被迎面驶来的潜水艇反射回来。反射波与原来的波合成后，得到频率为241Hz的波。求潜水艇的速率。（设超声波在海水中的传播速度为1500m/s）

解 已知 $\nu = 30000\text{Hz}$，$\nu_p = 241\text{Hz}$，$u = 1500\text{m/s}$。潜水艇的速率 v 待求。

设潜水艇接收到的频率为 ν'，声源处接收到的反射波频率为 ν''。根据书中式（5-20）得 $\nu' = \left(1 + \dfrac{v}{u}\right)\nu$。由书中式（5-23）得 $\nu'' = \left(\dfrac{u}{u-v}\right)\nu'$。

又知 $\nu_p = \nu'' - \nu$。由此3式得出

$$v = \dfrac{u\nu_p}{2\nu + \nu_p} = \dfrac{1500 \times 241}{2 \times 30000 + 241} = 6\text{m/s}$$

四、补充练习题

1. P 和 Q 是两个同方向、同频率、同相位、同振幅的波源所在处。设它们在介质中产生的波的波长为 λ，PQ 之间的距离为 1.5λ。R 是 PQ 连线上 Q 点外侧的任意一点。试求：（1）Q 两点发出的波到达 R 时的相位差；（2）R 点的振幅。

解 （1）以波源 Q 所在处为原点建立坐标，x 轴正方向水平向右。二振动在同一

介质传播，波速相同，二波函数为

$$y_P = A\cos\left[\omega\left(t - \frac{1.5\lambda + x}{u}\right) + \varphi\right], \quad y_Q = A\cos\left[\omega\left(t - \frac{x}{u}\right) + \varphi\right]$$

两列波到达 R 时的相位差为

$$\Delta\varphi = \left[\omega\left(t - \frac{x}{u}\right) + \varphi\right] - \left[\omega\left(t - \frac{1.5\lambda + x}{u}\right) + \varphi\right] = 3\pi$$

（2）R 点的振幅为

$$A = \sqrt{A_1^2 + A_2^2 + 2A_1A_2\cos(\varphi_2 - \varphi_1)} = \sqrt{A_1^2 + A_2^2 + 2A_1A_2\cos(3\pi)} = 0$$

2. 设 y 为球面波各质点振动的位移，r 为离开波源的距离，A_0 为距波源单位距离处波的振幅。试利用波的强度的概念求出球面波的波函数表达式。

解　设波源的振动方程为 $y_0 = A\cos(\omega t + \varphi)$。则在距波源 r 处的质点在 t 时刻的振动状态是波源在 $t - \frac{r}{u}$ 时刻的位移，设其振幅为 A，则波函数为

$$y = A\cos\left[\omega\left(t - \frac{t}{u}\right) + \varphi\right]$$

以波源为圆心，分别以单位长度 r_0 和 r 为半径做同心球面，则通过这两个球面的波的能量相同，设两球面处的波强分别为 I_0、I，则有

$$I_0 \cdot 4\pi r_0^2 = I \cdot 4\pi r^2, \quad \text{也即} \quad \frac{1}{2}\rho u A_0^2 \omega^2 \cdot 4\pi r_0^2 = \frac{1}{2}\rho u A^2 \omega^2 \cdot 4\pi r^2$$

可得：$A = \dfrac{A_0}{r}$，所以波函数为：$y = \dfrac{A_0}{r}\cos\left[\omega\left(t - \dfrac{r}{u}\right) + \varphi\right]$。

3. 人耳对 1000Hz 的声波产生听觉的最小声强约为 $1 \times 10^{-12}\text{W/m}^2$，试求 20℃ 时空气分子相应的振幅。

解　声波的角频率为　$\omega = 2\pi\nu = 2 \times 3.14 \times 1000 = 6.28 \times 10^3/\text{s}$

根据声强的定义式得　　　　　　$I = \dfrac{1}{2}\rho u A^2 \omega^2$

$$A = \sqrt{\frac{2I}{\rho u \omega^2}} = 1.075 \times 10^{-13}\text{m}$$

4. 图 5-4 是干涉型消声器结构的原理图，利用这一结构可以消除噪声，当发动机排气噪声声波经管道到达点 A 时，分成两路而在点 B 相遇，声波因干涉而相消。如果要消除频率为 300 赫兹的噪声，求图中弯道与直管长度差 $\Delta r = r_2 - r_1$ 至少应为多少（设声速为 340m/s）？

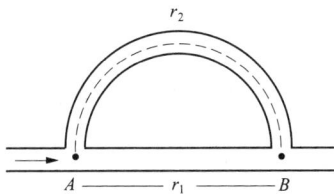

图 5-4

解　由相消条件 $\Delta\varphi = \pm(2k+1)\pi$，（$k = 0$，1，2，…），两列波的相位差 $\Delta\varphi = 2\pi\Delta r/\lambda$，

声波从点 A 分开到点 B 相遇，两列波的波程差 $\Delta r = r_2 - r_1$，$\Delta r = (2k+1)\lambda/2$，

令 $k = 0$ 得 Δr 至少应为　$\Delta r = \lambda/2 = u/2\nu = 0.57\text{m}$

（王小平）

第六章 静 电 场

一、基本要求

1. 明确电场强度、电场线、电通量、电势、电势差等基本概念，会求简单情况下的电通量。

2. 掌握场强叠加原理和电势叠加原理，会求一些简单问题中的场强、电势和电势差，理解场强和电势梯度的关系。

3. 掌握高斯定理和静电场环路定理，掌握应用高斯定理求场强的条件和基本方法。

4. 掌握求场强和电势的几个常用基本公式。

二、要点精讲

（一）基本概念

1. 电场强度 E 是从电荷在电场中受力的角度引入的描述电场本身性质的物理量，电场中某点处的电场强度等于试探电荷 q_0 在该点处所受电场力与试探电荷电量的比值，即单位正电荷在该点所受的电场力。

$$E = \frac{f}{q_0}$$

2. 电势 U 是从电场力对电荷做功的角度引入的描述电场本身性质的物理量，电场中某点的电势在数值上等于把单位正电荷从该点移到电势零点处电场力所做的功，即单位正电荷在该点所具有的电势能。

（1）电场中 a 点的电势

$$U_a = \frac{W_a}{q_0} \int_a^c E \cdot \mathrm{d}l$$

式中，C 点为选定的电势能零点。当电荷分布在有限空间时通常选无穷远为电势零点，这时 a 点电势为

$$U_a = \int_a^\infty E \cdot \mathrm{d}l$$

（2）电场中 a、b 两点电势差

$$U_a - U_b = U_{ab} = \int_a^b E \cdot \mathrm{d}l$$

3. 电场的形象描述

（1）电场线 在电场中画出的一系列曲线，这些曲线上每一点的切线方向都和该点的电场强度方向一致，这些曲线称为电场线。为了使电场线不仅能表示电场的方向，而且能表示出场强大小，又规定在电场中任意点处通过垂直于电场强度方向的单位面

积的电场线数目等于该点电场强度的大小。

静电场电场线的基本特征是：起于正电荷或无穷远，终止于负电荷或无穷远；不闭合，不相交，不中断。

（2）电通量　通过电场中某一给定面的电场线数目，称为通过该面的电通量。

①通过面积元 $\mathrm{d}S$ 的电通量为

$$\mathrm{d}\Phi_e = E\mathrm{d}S_\perp = E\mathrm{d}S\cos\theta = \boldsymbol{E}\cdot\mathrm{d}\boldsymbol{S}$$

②任意曲面 S 的电通量

$$\Phi_e = \int_S \mathrm{d}\Phi_e = \int_S E\cos\theta\mathrm{d}S = \int_S \boldsymbol{E}\cdot d\boldsymbol{S}$$

③闭合曲面 S 的电通量

$$\Phi_e = \oint_S E\cos\theta\mathrm{d}S = \oint_S \boldsymbol{E}\cdot d\boldsymbol{S}$$

对闭合曲面，通常规定自内向外的方向为各处面积元法线的正方向。

（3）等势面　电场中，由电势相等的点连成的曲面称为等势面，其特征是电荷沿等势面移动时，电场力不做功。

（4）电场线与等势面的关系　两者互相正交，电场线指向电势降低的方向。

4. 电场强度与电势梯度的关系　电场中某点的电场强度 $\boldsymbol{E}$ 等于该点电势梯度矢量的负值，即

$$\boldsymbol{E} = -\frac{\mathrm{d}U}{\mathrm{d}n}\boldsymbol{n}_0 = -\nabla U = -\mathrm{grad}U$$

（二）基本规律

1. 真空中的库仑定律　真空中两个静止的点电荷之间相互作用力沿两点电荷连线方向，等值而反向，大小与它们所带电量 q_1 和 q_2 成正比，与两个点电荷之间距离的平方成反比，即

$$f = \frac{1}{4\pi\varepsilon_0}\cdot\frac{q_1 q_2}{r^2}$$

写成矢量式为

$$f = \frac{1}{4\pi\varepsilon_0}\cdot\frac{q_1 q_2}{r^2}\boldsymbol{r}_0$$

2. 电场强度叠加原理　点电荷系的电场中任意点的电场强度等于各个点电荷在该点单独产生的电场强度的矢量和，即

$$\boldsymbol{E} = \boldsymbol{E}_1 + \boldsymbol{E}_2 + \cdots + \boldsymbol{E}_n = \sum_{i=1}^n \boldsymbol{E}_i$$

电荷连续分布的带电体的电场强度为

$$\boldsymbol{E} = \int \mathrm{d}\boldsymbol{E} = \frac{1}{4\pi\varepsilon_0}\int\frac{\mathrm{d}q}{r^2}\boldsymbol{r}_0$$

3. 电势叠加原理　点电荷系的电场中任意点的电势等于各个点电荷在该点单独产生的电势的代数和，即

$$U = U_1 + U_2 + \cdots + U_n = \sum_{i=1}^n U_i$$

电荷连续分布的带电体的电势为

$$U = \int \mathrm{d}U = \int \frac{1}{4\pi\varepsilon_0} \cdot \frac{\mathrm{d}q}{r}$$

4. 高斯定理　在静电场中，通过任一闭合曲面的电通量等于这闭合曲面所包围的电荷的代数和除以 ε_0，其数学表达式为

$$\Phi_e = \oint_S \boldsymbol{E} \cdot \mathrm{d}\boldsymbol{S} = \frac{1}{\varepsilon_0} \sum_i q_i$$

应用高斯定理时应注意：

（1）高斯面 S 一定要闭合。

（2）$\mathrm{d}\boldsymbol{S}$ 是面 S 上的小面积元，$\boldsymbol{E}$ 是面元 $\mathrm{d}\boldsymbol{S}$ 处的总场强。

（3）$\sum q_i$ 是 S 面内所有电荷的代数和。

（4）虽然高斯定理普遍成立，但应用它来求电场强度 $\boldsymbol{E}$ 时，常常限于某些电荷分布具有一定对称性的场合。

5. 静电场环路定理　在任何给定的静电场中，电场强度沿任一闭合回路的线积分等于零，其数学表达式为

$$\int_L \boldsymbol{E} \cdot \mathrm{d}\boldsymbol{l} = 0$$

上式说明静电场力的功与路径无关，静电场是保守场。

（三）常用公式

在求电场强度 $\boldsymbol{E}$ 和电势 U 时，常常应用一些由基本规律导出的基本公式，这些公式的条件和结论应熟记。

1. 点电荷的场强　　$\boldsymbol{E} = \dfrac{q}{4\pi\varepsilon_0 r^2}\boldsymbol{r}_0$

点电荷的电势　　$U = \dfrac{q}{4\pi\varepsilon_0 r}$

上两式也适用于均匀带电球面外的电场。

2. 均匀带电圆环轴线上一点的场强

$$E = \frac{1}{4\pi\varepsilon_0} \cdot \frac{qx}{r^2} = \frac{qx}{4\pi\varepsilon_0 (R^2 + x^2)^{3/2}}$$

均匀带电圆环轴线上一点的电势

$$U = \frac{q}{4\pi\varepsilon_0 r} = \frac{q}{4\pi\varepsilon_0 (R^2 + x^2)^{1/2}}$$

3. 无限大均匀带电平面（面电荷密度为 σ）的场强

$$E = \frac{\sigma}{2\varepsilon_0}$$

4. 无限长均匀带电直线（线电荷密度为 λ）的场强

$$E = \frac{\lambda}{2\pi\varepsilon_0 r}$$

上式也适用于无限长均匀带电圆柱面外的电场强度。

三、习题与解答

1. 在 $(x-y)$ 平面上，两个电量为 10^{-8}C 的正电荷分别固定在点 $(0.1,0)$ 及点 $(-0.1,0)$ 上，坐标的单位为 m。求：（1）在原点处的场强；（2）在 $(0,0.1)$ 处的场强。

解 根据场强叠加原理，两点电荷电场的合场强为

$$E = E_1 + E_2$$

由于

$$E_1 = E_2 = \frac{q}{4\pi\varepsilon_0 r^2} = 4.5 \times 10^3 \text{V/m}$$

可求得

（1）原点处 $\qquad\qquad E = E_1 + E_2 = 0$

（2）此时合场强 E 的方向沿 y 轴正向，其大小为

$$E = 2E_1\cos45° = 6.36 \times 10^3 \text{V/m}$$

2. 两条无限长均匀带电平行直线相距 10cm，线电荷密度相同，其值为 $\lambda = 1.0 \times 10^{-7}$C/m。求在与两带电直线垂直的平面上且与两带电直线的距离都是 10cm 的点的场强。

解 两根均匀带电的无限长直导线产生的场强其方向间夹角为 $\frac{\pi}{3}$，其大小为

$$E_1 = E_2 = \frac{\lambda}{2\pi\varepsilon_0 a}$$

所以合场强大小为

$$E = 2E_1\cos\frac{\pi}{6} = 3.1 \times 10^4 \text{V/m}$$

其方向垂直于两带电直线所确定的平面向外。

3. 长 $l = 15.0$cm 的直导线 AB 上，均匀地分布着线密度 $\lambda = 5.00 \times 10^{-9}$C/m 的正电荷。求：（1）在导线的延长线上与导线 B 端相距 $d_1 = 5.0$cm 处的 P 点的场强；（2）在导线的垂直平行线上与导线中心相距 $d_2 = 5.0$cm 处的 Q 点的场强。

解 （1）取 P 点为坐标原点，x 轴向右为正，如图 6-1（a）所示。在带电直导线上 x 处取 $\mathrm{d}x$ 小段，所带电荷为 $\mathrm{d}q = \lambda\mathrm{d}x$，它在 P 点产生的电场强度为 $\mathrm{d}E_P = \frac{1}{4\pi\varepsilon_0} \cdot \frac{\lambda\mathrm{d}x}{x^2}$（沿 x 轴正向）。由于各小段导线在 P 点产生的场强方向相同，于是

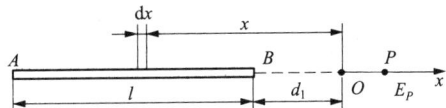

(a)

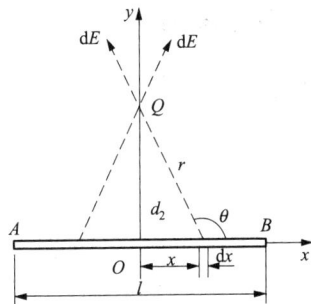

(b)

图 6-1

$$E_P = \int\mathrm{d}E_P = \frac{\lambda}{4\pi\varepsilon_0}\int_{-(d_1+l)}^{-d_1}\frac{\mathrm{d}x}{x^2} = \frac{-\lambda}{4\pi\varepsilon_0} \cdot \frac{1}{x}\Big|_{-(d_1+l)}^{-d_1}$$

$$= \frac{1}{4\pi\varepsilon_0}\left(\frac{1}{d_1} - \frac{1}{d_1+l}\right) = 9.00 \times 10^9 \times 5.00 \times 10^{-9}\left(\frac{1}{0.050} - \frac{1}{0.200}\right)$$

$=6.75 \times 10^2 V/m$ （方向沿 x 轴正向）

（2）选坐标如图 6 - 1b 所示，由于对称性，场强 dE 的 x 方向分量相互抵消，所以，$E_x = 0$。取 AB 导线上电荷元 $dq = \lambda dx$，与 Q 点距离为 r，电荷元在 Q 点所产生的场强为

$$dE = \frac{\lambda dx}{4\pi\varepsilon_0 r^2}$$

场强 dE 的 y 分量为

$$dE_y = \frac{1}{4\pi\varepsilon_0} \cdot \frac{\lambda dx}{r^2} \sin\theta$$

因

$$r = d_2 \csc\theta, x = d_2 \cot(\pi - \theta) = -d_2\cos\theta$$

取 x 微分得

$$dx = d_2 \csc^2\theta d\theta$$

所以

$$dE_y = \frac{\lambda}{4\pi\varepsilon_0} \frac{d_2 \csc^2\theta d\theta}{(d_2\csc\theta)^2}\sin\theta$$

$$= \frac{\lambda}{4\pi\varepsilon_0 d_2}\sin\theta d\theta$$

积分可得 $E_y = \int dE_y = \int_{\theta_1}^{\theta_2} \frac{\lambda}{4\pi\varepsilon_0 d_2}\sin\theta d\theta = \frac{\lambda}{4\pi\varepsilon_0 d_2}(\cos\theta_1 - \cos\theta_2)$

代入

$$\cos\theta_2 = -\frac{\frac{l}{2}}{\sqrt{d_2^2 + \left(\frac{l}{2}\right)^2}}, \cos\theta_1 = \frac{\frac{l}{2}}{\sqrt{d_2^2 + \left(\frac{l}{2}\right)^2}}$$

得

$$E = E_y = \frac{\lambda}{4\pi\varepsilon_0 d_2} \cdot \frac{l}{\left[d_2^2 + \left(\frac{l}{2}\right)^2\right]^{\frac{1}{2}}}$$

以数据代入得

$$E = \frac{9.00 \times 10^9 \times 5.00 \times 10^{-9} \times 0.150}{0.050\left[(0.050)^2 + \left(\frac{0.150}{2}\right)^2\right]^{\frac{1}{2}}} = 1.50 \times 10^3 V/m \quad （方向沿 y 轴正向）$$

4.（1）试证明均匀带电圆环，通过环心垂直于环面的轴线上任一给定点 P 处的场强公式为

$$E = \frac{1}{4\pi\varepsilon_0} \cdot \frac{qx}{(x^2 + R^2)^{3/2}}$$

式中，q 为圆环所带电量，R 为圆环半径，x 为 P 点到环心的距离。

（2）若已知 $R = 5.0cm$，$q = 5.0 \times 10^{-9}C$，求 $x = 5.0cm$ 处的场强。

解 （1）圆环均匀带电，线密度为 $\lambda = \frac{q}{2\pi R}$。如图 6 - 2，在圆环上任取一电荷元 $dq = \lambda dl$，与 P 点相距为 r，r 与轴线方向夹角为 θ，电荷元在 P 点的电场强度为 $dE = \frac{1}{4\pi\varepsilon_0} \cdot \frac{\lambda dl}{r^2}\boldsymbol{r}_0$，将 $d\boldsymbol{E}$ 分解为平行于轴线方向分量 $dE_{/\!/}$ 和垂直轴线方向分量 $dE_\perp$ 可得

$$dE_{/\!/} = dE\cos\theta = \frac{1}{4\pi\varepsilon_0} \cdot \frac{\lambda dl}{r^2}\cos\theta$$

$$dE_{\perp} = dE\sin\theta = \frac{1}{4\pi\varepsilon_0} \cdot \frac{\lambda dl}{r^2}\sin\theta$$

根据对称性可知，圆环上各电荷元在 P 点产生电场强度的垂直轴线分量相互抵消，所以 P 点电场强度 E 为

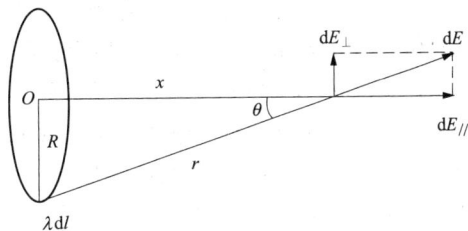

图 6-2

$$E = \int dE_{//} = \int dE\cos\theta = \frac{\lambda}{4\pi\varepsilon_0} \cdot \frac{\cos\theta}{r^2}\int_0^{2\pi R} dl$$

$$= \frac{1}{4\pi\varepsilon_0} \cdot \frac{q\cos\theta}{r^2} = \frac{1}{4\pi\varepsilon_0} \frac{qx}{(x^2 + R^2)^{3/2}}$$

（2）将 $x = 0.050\text{m}$，$R = 0.050\text{m}$，$q = 5.0 \times 10^{-9}\text{C}$ 代入得

$$E = \frac{9.0 \times 10^9 \times 5.0 \times 10^{-9} \times 0.050}{[(0.050)^2 + (0.050)^2]^{3/2}} = 6.4 \times 10^3 \text{V/m}，（沿 x 轴正向）$$

5. 用不导电的细塑料棒弯成半径为 50.0cm 的圆弧，两端间空隙为 2.0cm，电量为 $3.12 \times 10^{-9}\text{C}$ 的正电荷均匀分布在棒上，求圆心处场强的大小和方向。

解　空隙长

$$d = 0.020\text{m}$$

棒长

$$l = 2\pi r - d = 2 \times 3.14 \times 0.5 - 0.020 = 3.12\text{m}$$

电荷线密度

$$\lambda = \frac{q}{l} = \frac{3.12 \times 10^{-9}}{3.12} = 1.00 \times 10^{-9}\text{C/m}$$

若为一均匀带电闭合线圈，则在圆心处产生的合场强为零。根据场强叠加原理，现有一段空隙，则圆心处场强应等于闭合线圈产生电场再减去 $d = 0.020\text{m}$ 长的带电弧段在该点产生的场强。

由于 $d \ll r$，所以可把该小段电荷看作带电量为 q' 的点电荷，其所带电量为

$$q' = \lambda d = 1.00 \times 10^{-9} \times 0.020 = 2.0 \times 10^{-11}\text{C}$$

它在圆心处产生场强为

$$E_0 = \frac{1}{4\pi\varepsilon_0} \frac{q'}{r^2} = 9.0 \times 10^9 \frac{2.0 \times 10^{-11}}{(0.50)^2} = 0.72\text{V/m}（方向由缝隙指向圆心处）$$

所以细塑料棒在圆心处产生场强大小为 0.72V/m，方向由圆心指向缝隙。

6. 一无限大平面，开有一半径为 R 的圆洞，设平面均匀带电，电荷面密度为 σ，求过洞中心，垂直于平面的轴线上离洞心为 r 处的场强。

解　设无限大带电平面的面电荷密度为 σ，（如图 6-3），取轴线方向为 Ox 轴，在带电平面上离圆洞中心距离为 ρ（$\rho > R$）处取一半径为 $\rho \rightarrow \rho + d\rho$ 的窄圆环，它所带电量为 $dq = \sigma 2\pi\rho \cdot d\rho$。

由题 4 的公式得该带电圆环在离洞心 O 为 r 的轴线上的 P 点产生的电场强度为

$$E_p = \int dE_p = \int_R^{\infty} \frac{2\pi\sigma}{4\pi\varepsilon_0} \cdot \frac{r\rho d\rho}{(r^2 + \rho^2)^{3/2}}$$

$$= \frac{\sigma r}{2\varepsilon_0 (R^2 + r^2)^{1/2}} \quad （\sigma > 0 时，方向沿 x 轴正向）$$

7. 大小两个同心的均匀带电球面，半径分别为 0.10m 和 0.30m，小球面上带有电荷 $+1.0 \times 10^{-8}$C，大球面上带有电荷 $+1.5 \times 10^{-8}$C。求：离球心为（1）0.05m；（2）0.20m；（3）0.50m 各处的电场强度。（4）问电场强度是否是坐标 r（即离球心的距离）的连续函数？

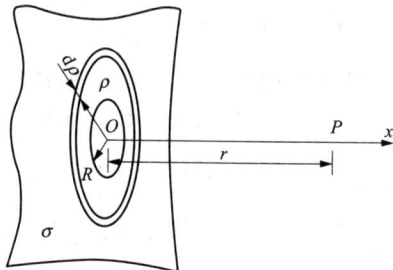

图 6 - 3

解 以任意半径 r 做一与上述两球面同心的高斯球面 S，由高斯定理可得

$$\oint_S \boldsymbol{E} \cdot d\boldsymbol{S} = \sum_i q_i / \varepsilon_0$$

本题中电场具有球对称性，所以有 $4\pi r^2 E = \sum_i q_i / \varepsilon_0$

解得

$$E = \frac{1}{4\pi \varepsilon_0 r^2} \sum_i q_i$$

（1）当 $r = 0.05$m 时，因 $r < R_1$，所以 $\sum_i q_i = 0, E_1 = 0$。

（2）当 $r = 0.20$m 时，因 $R_1 < r < R_2$，所以 $\sum_i q_i = q_1$，故

$$E_2 = \frac{1}{4\pi \varepsilon_0} \cdot \frac{q_1}{r^2} = 9.0 \times 10^9 \times \frac{1.0 \times 10^{-8}}{(0.20)^2} = 2.25 \times 10^3 \text{V/m}$$

（3）当 $r = 0.50$m 时，因 $r > R_2$，有 $\sum_i q_i = q_1 + q_2 = 2.5 \times 10^{-8}$C，所以

$$E_3 = \frac{1}{4\pi \varepsilon_0} \cdot \frac{q_1 + q_2}{r_3^2} = 9.0 \times 10^9 \times \frac{2.5 \times 10^{-8}}{(0.50)^2} = 9.0 \times 10^2 \text{V/m}$$

（4）电场强度的方向沿径向向外，E 的量值与离球心距离 r 的关系为

$$E(r) = \begin{cases} 0 & , \quad r < R_1 \\ \dfrac{1}{4\pi \varepsilon_0} \cdot \dfrac{q_1}{r^2} & , \quad R_1 < r < R_2 \\ \dfrac{1}{4\pi \varepsilon_0} \cdot \dfrac{q_1 + q_2}{r^2} & , \quad r > R_2 \end{cases}$$

$E(r)$ 函数在带电面处不连续。

8. 两个无限长同轴均匀带电圆柱面，内圆柱面半径为 R_1，每单位长度带的电荷为 $+\lambda$，外圆柱面半径为 R_2，每单位长度带的电荷为 $-\lambda$，求空间各处的场强。

解 无限长均匀带电圆柱面，电荷线密度 $\pm \lambda$，因而电场具有轴对称性，即任一同轴的圆柱面上各点的场强的大小相同，方向设垂直圆柱面向外为正。以任意半径 r 做一长为 l 的与两个无限长圆柱面同轴的圆柱面以及两垂直轴线的平面形成的封闭面为高斯面，则由高斯定理可得

$$\oint_S \boldsymbol{E} \cdot d\boldsymbol{S} = 2\pi r l E = \frac{\sum_i q_i}{\varepsilon_0}$$

解得

$$E = \frac{1}{2\pi\varepsilon_0} \cdot \frac{\sum_i q_i}{rl}$$

当 $r < R_1$ 时，$\qquad \sum q_i = 0, \quad E = 0$

当 $R_1 < r < R_2$ 时，$\qquad \sum q_i = \lambda l, \quad E = \frac{1}{2\pi\varepsilon_0} \cdot \frac{\lambda}{r}$

当 $r > R_2$ 时，$\qquad \sum q_i = \lambda l - \lambda l = 0, \quad E = 0$

9.（1）一点电荷 q 位于一立方体中心，立方体边长为 a，试问通过立方体每一个面的电通量是多少？

（2）如果这电荷移动到立方体的一个角顶上，这时通过立方体每一个面的电通量各是多少？

解　（1）点电荷 q 位于一立方体中心，则通过立方体每一面的电通量相等，所以通过每一面的电通量为总量的 $\frac{1}{6}$，以 S_1 面为例即得

$$\int_{S_1} \boldsymbol{E} \cdot \mathrm{d}\boldsymbol{S} = \frac{1}{6}\int \boldsymbol{E} \cdot \mathrm{d}\boldsymbol{S}$$

根据高斯定理 $\int \boldsymbol{E} \cdot \mathrm{d}\boldsymbol{S} = \dfrac{q}{\varepsilon_0}$，有

$$\int_{S_1} \boldsymbol{E} \cdot \mathrm{d}\boldsymbol{S} = \frac{1}{6}\frac{q}{\varepsilon_0}$$

（2）如果这点电荷移到一个立方体的角上，如图 6-4（a）所示。电荷所在顶角的三个面①②③上，各点场强 $\boldsymbol{E}$ 平行于该面，所以

$$\int_{S_1} \boldsymbol{E} \cdot \mathrm{d}\boldsymbol{S} = \int_{S_2} \boldsymbol{E} \cdot \mathrm{d}\boldsymbol{S} = \int_{S_3} \boldsymbol{E} \cdot \mathrm{d}\boldsymbol{S} = 0$$

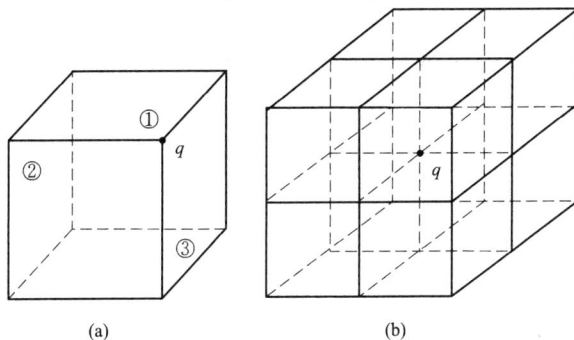

图 6-4

通过立方体的另三个面 S_4、S_5、S_6 的电通量相等。由于要全部包围 q，需要 8 个立方体，相当于 24 个面，如图 6-4（b）。以 S_4 面为例可得

$$24\int_{S_4} \boldsymbol{E} \cdot \mathrm{d}\boldsymbol{S} = \oint \boldsymbol{E} \cdot \mathrm{d}\boldsymbol{S} = \frac{q}{\varepsilon_0}$$

所以 $\qquad\qquad\qquad \int_{S_4} \boldsymbol{E} \cdot \mathrm{d}\boldsymbol{S} = \frac{1}{24} \cdot \frac{q}{\varepsilon_0}$

10. 有人认为：

（1）如果高斯面上 E 处处为零，则该面内必无电荷；

（2）如果高斯面内无电荷，则高斯面上 E 处处为零；

（3）如果高斯面上 E 处处不为零，则高斯面内必有电荷；

（4）如果高斯面内有电荷，则高斯面上 E 处处不为零。

上面所说的高斯面，是空间任一闭合曲面，以上这些说法是否正确？为什么？

解 （1）根据高斯定理，只能说明该闭合面内电荷代数和为零，不能说明该面内不存在电荷。

（2）高斯面内无电荷，只能说明通过高斯面的电通量为零，只要面外有电荷，就有电场存在，故面上各点场强有可能并不处处为零。

（3）因为高斯面上各点场强不只是由面内电荷产生的，即使面内无电荷，其面上各点场强仍可能不为零。

（4）只能说明通过高斯面的电通量不为零，高斯面上有些点场强可以为零。

11. 电场中电场强度与电势之间的关系，下列说法是否正确？

（1）场强为零处，电势一定为零；

（2）电势为零处，场强一定为零；

（3）电势较高处，电场强度一定较大；

（4）电场强度较小处，电势一定较低；

（5）场强大小相等处，电势一定相同；

（6）带正电的物体，电势一定为正；带负电的物体，电势一定为负；

（7）不带电的物体，电势一定为零；电势为零的物体一定不带电。

解 都不正确。

12. 如图 6 – 5 所示，已知 $r = 8\text{cm}$，$a = 12\text{cm}$，$q_1 = q_2 = \frac{1}{3} \times 10^{-8}\text{C}$，电荷 $q_0 = 10^{-9}\text{C}$。求：（1）q_0 从 A 移到 B 时电场力所做的功；（2）q_0 从 C 移到 D 时电场力所做的功。

解 （1）根据电势叠加原理可得

$$U_A = \frac{q_1}{4\pi\varepsilon_0 r} + \frac{q_2}{4\pi\varepsilon_0 \sqrt{r^2 + a^2}}$$

$$U_B = \frac{q_1}{4\pi\varepsilon_0 \sqrt{r^2 + a^2}} + \frac{q_2}{4\pi\varepsilon_0 r}$$

所以电场力的功为 $\qquad A_{AB} = q_0 (U_A - U_B) = 0$

（2）$\qquad\qquad U_C = \frac{2q_1}{4\pi\varepsilon_0 \frac{a}{2}} = \frac{q_1}{\pi\varepsilon_0 a}$

$$= \frac{\frac{1}{3} \times 10^{-8}}{\pi \times 8.85 \times 10^{-12} \times 12 \times 10^{-2}} = 1000\text{V}$$

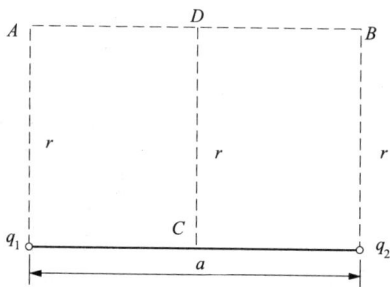

$$U_D = \frac{2q_1}{4\pi\varepsilon_0 \sqrt{r^2 + \left(\frac{a}{2}\right)^2}} = \frac{2 \times \frac{1}{3} \times 10^{-8}}{4\pi \times 8.85 \times 10^{-12} \sqrt{(8 \times 10^{-2})^2 + (6 \times 10^{-2})^2}} = 600\,\mathrm{V}$$

所以　　　　　$A_{CD} = q_0(U_C - U_D) = 10^{-9} \times (1000 - 600) = 4 \times 10^{-7}\,\mathrm{J}$

13. 长为 l 的均匀带电直线 AB 段带电荷为 $+q$。（1）求其延长线上距最近端 B 为 d 的 P 点的电势；（2）试从电势的表示式，由电势梯度算出 P 点的场强。

解　（1）如图 6-6 所示，取 P 点为坐标原点，AB 线为 x 轴，向左为正向，在导线上距 P 为 x 处，取一导线元长度为 $\mathrm{d}x$，带电量为 $\mathrm{d}q = \lambda\mathrm{d}x$，该电荷元在 P 点产生电势为

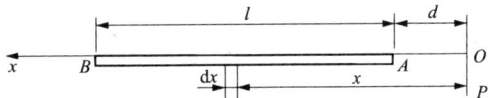

图 6-6

$$\mathrm{d}U_P = \frac{\lambda\mathrm{d}x}{4\pi\varepsilon_0 x}$$

整个导线在 P 点产生电势为

$$U_P = \int\mathrm{d}U_P = \int_d^{d+l} \frac{\lambda}{4\pi\varepsilon_0} \cdot \frac{\mathrm{d}x}{x} = \frac{\lambda}{4\pi\varepsilon_0}\ln\frac{d+l}{d}$$

（2）P 点电场强度为

$$E_P = -\frac{\partial U_P}{\partial d} = -\frac{\partial}{\partial d}\left[\frac{\lambda}{4\pi\varepsilon_0}\ln\frac{d+l}{d}\right] = \frac{\lambda}{4\pi\varepsilon_0}\left(\frac{1}{d} - \frac{1}{d+l}\right) \quad \text{（方向向右）}$$

14. 试应用本章例题 6-10 所得到的结果，再应用电势叠加原理求出本章习题 7 中两个同心带电球面球心 O 点处的电势。（设两球面半径分别为 R_1 和 R_2；带电量分别为 q_1 和 q_2，结果可以不用代入数值）

解　由例题 6-10 所得到的结果可知，两均匀带电球面各自在球心 O 点所产生的电势分别为

$$U_{O_1} = \frac{q_1}{4\pi\varepsilon_0 R_1}; \qquad U_{O_2} = \frac{q_2}{4\pi\varepsilon_0 R_2}$$

根据电势叠加原理可得 O 点电势为两球面各自单独在 O 点产生电势的代数和，即

$$U_O = U_{O_1} + U_{O_2} = \frac{q_1}{4\pi\varepsilon_0 R_1} + \frac{q_2}{4\pi\varepsilon_0 R_2}$$

15. 对上题所问，试根据电势的定义由在本章习题 7 中得到的电场强度分布函数 $E(r)$，根据电势定义用场强积分法求出球心 O 点处的电势。

解　在习题 7 中得到了两同心均匀带电球面的场强分布为

$$E(r) = \begin{cases} 0, & r < R_1 \\[2mm] \dfrac{1}{4\pi\varepsilon_0} \cdot \dfrac{q_1}{r^2}, & R_1 < r < R_2 \\[2mm] \dfrac{1}{4\pi\varepsilon_0} \cdot \dfrac{q_1 + q_2}{r^2}, & r > R_2 \end{cases}$$

由电势定义可得 O 点电势为

$$U_O = \int_0^\infty \boldsymbol{E} \cdot \mathrm{d}\boldsymbol{l} = \int_0^\infty \boldsymbol{E} \cdot \mathrm{d}\boldsymbol{r}$$

$$= \int_0^{R_1} E_1 \mathrm{d}r + \int_{R_1}^{R_2} E_2 \mathrm{d}r + \int_{R_2}^\infty E_3 \mathrm{d}r$$

$$= \int_0^{R_2} 0 \mathrm{d}r + \int_{R_1}^{R_2} \frac{q_1}{4\pi\varepsilon_0 r^2}\mathrm{d}r + \int_{R_1}^{R_2} \frac{q_1 + q_2}{4\pi\varepsilon_0 r^2}\mathrm{d}r$$

$$= 0 + \frac{q_1}{4\pi\varepsilon_0 R_1} - \frac{q_1}{4\pi\varepsilon_0 R_2} + \frac{q_1 + q_2}{4\pi\varepsilon_0 R_2}$$

$$= \frac{q_1}{4\pi\varepsilon_0 R_1} + \frac{q_2}{4\pi\varepsilon_0 R_2}$$

此结果与上题根据电势叠加原理求得的结果一致。

四、补充练习题

1. 地球表面附近的场强约为 200V/m，方向指向地球中心，设地球上电荷均匀分布在地球表面上。（1）求地面上的面电荷密度 σ；（2）在离地面 1.4km 高处，场强降为 20V/m，方向仍指向地球中心，试计算在 1.4km 处大气层里的平均体电荷密度 ρ。（地球半径 $R = 6.37 \times 10^6$m）

解 （1）在地球表面处做同心球形高斯面 S_1，可得

$$\oint_{S_1} \boldsymbol{E}_1 \cdot \mathrm{d}\boldsymbol{S}_1 = \frac{1}{\varepsilon_0}\sigma S_1，即 4\pi R^2 E_1 = \frac{\sigma}{\varepsilon_0}4\pi R^2$$

以地心向外为正方向，则 $E_1 = -200$V/m，代入上式得

$$\sigma = \varepsilon_0 E_1 = 8.85 \times 10^{-12} \times (-200) = -1.77 \times 10^{-9}\text{C/m}^2$$

（2）以 $r = R + 1.4 \times 10^3$m 为半径做与地球同心球形高斯面 S_2，可得

$$\oint_{S_2} \boldsymbol{E}_2 \cdot \mathrm{d}\boldsymbol{S}_2 = E_2 \cdot 4\pi r^2 = \frac{1}{\varepsilon_0}(\sigma 4\pi R^2 + q)$$

即
$$4\pi\varepsilon_0 E_2 (R + 1.4 \times 10^3)^2 = 4\pi R^2 \cdot \sigma + q$$

将 $E_2 = -20$V/m 代入，得该大气层所带总电量

$$q = 4\pi\varepsilon_0 E_2 (R + 1.4 \times 10^3)^2 - 4\pi R^2 \cdot \sigma$$

$$= -\frac{20 \times (6.37 \times 10^6 + 1.4 \times 10^3)^2}{9.00 \times 10^9} - 4 \times 3.14 \times (6.37 \times 10^6)^2 \times (1.77 \times 10^{-9})^2$$

$$= 8.12 \times 10^5 \text{C}$$

该大气层体积为

$$V = \frac{4}{3}\pi[(R + 1400)^3 - R^3] = 7.14 \times 10^{17}\text{m}^3$$

该大气层的平均体电荷密度为

$$\rho = \frac{q}{V} = \frac{8.12 \times 10^5}{7.14 \times 10^{17}} = 1.14 \times 10^{-12}\text{C/m}^3$$

2. 半径为 R 的均匀带电圆盘，带电荷面密度为 σ（$\sigma > 0$），求过盘心垂直盘面的轴线上任一点 P 的电势（用该点与盘心 O 的距离 x 表示）。

解 设 P 点到圆盘中心距离为 x，取一半径为 r'，宽度为 dr' 的窄圆环（见图 6 - 7），其所带电量为

$$dq = \sigma \cdot 2\pi r' \cdot dr'$$

此窄圆环在 P 点产生的电势为

$$dU = \frac{dq}{4\pi\varepsilon_0 r}$$

式中，r 为圆环边缘到 P 点的距离。由几何关系可知

$$r = \sqrt{x^2 + r'^2}$$

对 dU 积分可求得整个圆盘在 P 点产生的电势为

$$U = \int dU = \int_0^R \frac{\sigma \cdot 2\pi}{4\pi\varepsilon_0} \cdot \frac{r'}{\sqrt{x^2 + r'^2}} dr'$$

$$= \frac{\sigma}{2\varepsilon_0}(\sqrt{x^2 + R^2} - x)$$

3. 设真空中有一半径为 R 的均匀带电球体，所带电荷为 q，求该球体内、外的场强。

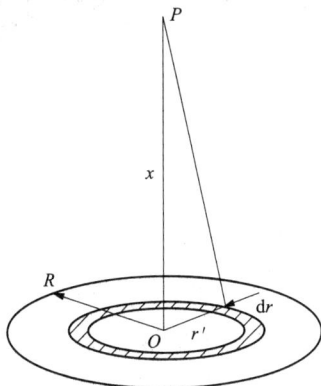

图 6 - 7

解 做半径为 r 的与带电球体同心的球形高斯面 S，根据场强分布的对称性，可得通过 S 面的电通量为

$$\Phi_e = \int_S \boldsymbol{E} \cdot d\boldsymbol{S} = E \cdot 4\pi r^2 = \frac{1}{\varepsilon_0}\sum q_i$$

当 $r < R$ 时，S 面在球内，它所包围的电荷为 $\frac{4}{3}\pi r^3 \rho$，其中 $\rho = \dfrac{q}{\frac{4}{3}\pi R^3}$ 为电荷的体密度。代入上式可得

$$E \cdot 4\pi r^2 = \frac{1}{\varepsilon_0} \cdot \frac{4}{3}\pi r^3 \rho = \frac{1}{\varepsilon_0}\frac{qr^3}{R^3}$$

所以

$$E = \frac{qr}{4\pi\varepsilon_0 R^3}$$

写成矢量式为

$$\boldsymbol{E} = \frac{qr}{4\pi\varepsilon_0 R^3}\boldsymbol{r}_0$$

当时 $r > R$，S 面在球外，它包围全部电荷 q，由高斯定理得

$$\Phi_e = \int_S \boldsymbol{E} \cdot d\boldsymbol{S} = E \cdot 4\pi r^2 = \frac{1}{\varepsilon_0}q$$

解得

$$E = \frac{q}{4\pi\varepsilon_0 r^2},$$

矢量式为

$$\boldsymbol{E} = \frac{q}{4\pi\varepsilon_0 r^2}\boldsymbol{r}_0$$

（支壮志）

第七章 静电场中的导体和电介质

一、基本要求

1. 掌握导体的静电平衡条件和静电平衡条件下导体（包括空腔导体）的基本性质；了解静电屏蔽的原理。

2. 了解电解质的极化机制；理解极化强度、极化电荷、电位移、电通量等概念，熟悉它们之间以及它们与电场强度的相互关系。

3. 掌握有电解质存在时的高斯定理，能够根据某些已知条件综合解决有关导体、电解质问题中求电荷分布、求电位移和场强以及电势分布等问题，会求简单情况下的极化强度和极化电荷。

4. 理解电容的概念，熟悉电容串、并联公式，会求简单情况下的电容和电场能量的问题。

5. 了解某些特殊极化现象及它们的应用。

二、要点精讲

（一）导体的静电平衡

导体内部自由电荷定向运动完全停止的状态称为导体的静电平衡。静电平衡时导体有以下特性。

1. 电场分布

（1）导体内部任一点场强为零，即 $E_内 = 0$。

（2）导体表面任一点场强垂直于导体表面。

2. 电势分布　导体是一个等势体，导体表面是一个等势面。

3. 电荷分布

（1）导体内部处处无电荷，电荷只能分布在导体表面上。

（2）导体表面电荷面密度 σ 与场强关系为：$E = \dfrac{\sigma}{\varepsilon_0}$。

（3）孤立导体表面曲率大处，电荷面密度也大。

4. 静电平衡时的空腔导体，除具有以上导体特性外，其特殊性质为：

（1）腔内无电荷时，腔内表面也无电荷；

（2）腔内有电荷 q 时，腔内表面带电荷 $-q$。

（二）静电屏蔽

空腔导体可以隔绝空腔内、外电场的互相影响，这种作用称为静电屏蔽。接地的空腔导体，腔内条件变化时对腔外不产生影响；腔外条件变化时对腔内也不产生影响，称为对内、对外完全屏蔽。

（三）静电场中电解质的极化

电解质在电场作用下，出现一定取向的分子电矩，从而在电解质表面出现束缚电荷（极化电荷）的现象称为电解质的极化。

1. 极化强度矢量

$$P = \frac{\sum_i p_i}{\Delta V}$$

2. P 与 E 的关系　　$P = \chi_e \varepsilon_0 E = (\varepsilon_r - 1)\varepsilon_0 E = (\varepsilon - \varepsilon_0)E$

（1）上式中，电极化率为 χ_e；相对电容率为 $\varepsilon_r = 1 + \chi_e$；电容率为 $\varepsilon = \varepsilon_0(1 + \chi_e) = \varepsilon_0 \varepsilon_r$。

（2）真空中，$\chi_e = 0$，$\varepsilon_r = 1$，$\varepsilon = \varepsilon_0$。

（3）其他电解质中，$\chi_e > 0$，$\varepsilon_r > 1$，$\varepsilon > \varepsilon_0$。

3. P 与极化电荷面密度 σ' 的关系

（1）由极化机制可知，均匀介质内部无极化电荷。

（2）介质表面有　　　　　$\sigma' = P_n = P\cos\theta$

式中，θ 角为 P 与电解质表面外法线 n 的夹角。

（四）有电解质时的高斯定理

1. 电位移矢量　　　　　$D = \varepsilon_0 E + P$

2. 电位移线　与电场线的引入类似，引入电位移线来形象描述电位移的分布。

3. 电位移通量

（1）定义　通过电场中某一给定面的电位移线数目，称为通过该面的电位移通量。

（2）电位移通量的计算　与电通量的计算完全类似，在电场中任一闭合曲面 S 的电位移通量为

$$\int_S D \cdot dS$$

4. 有电解质时的高斯定理　在静电场中，通过任意闭合曲面的电位移通量，等于该闭合曲面所包围的自由电荷的代数和。即

$$\int_S D \cdot dS = \sum q_0$$

（五）D、E、P 之间的关系

$$D = \varepsilon_0 E + P$$
$$D = \varepsilon E = \varepsilon_0 \varepsilon_r E$$

（六）电容和电容器

1. 孤立导体的电容　　　　$C = \frac{q}{U}$

2. 电容器的电容　　　　　$C = \frac{q}{U_A - U_B}$

3. 平板电容器的电容　　　$C = \frac{\varepsilon S}{d} = \frac{\varepsilon_0 \varepsilon_r S}{d}$

4. 电容器的串、并联

（1）串联　各电容器电量相同，有　　　　$C = C_1 + C_2 + \cdots + C_n$

（2）并联　各电容器电压相同，有　　　　$\dfrac{1}{C} = \dfrac{1}{C_1} + \dfrac{1}{C_2} + \cdots + \dfrac{1}{C_n}$

（七）静电场的能量

1. 电容器中电场的能量　　$W = \dfrac{Q^2}{2C} = \dfrac{1}{2}QU = \dfrac{1}{2}CU^2$

2. 电场的能量密度　　$w = \dfrac{\mathrm{d}W}{\mathrm{d}V} = \dfrac{1}{2}\varepsilon E^2 = \dfrac{1}{2}DE$

3. 任意电场能量　　$W = \displaystyle\int_V \mathrm{d}W = \int_V \dfrac{1}{2}\varepsilon E^2 \,\mathrm{d}V = \int_V \dfrac{1}{2}DE\,\mathrm{d}V$

三、习题与解答

1. 某带电量为 q_1 的导体球 A 置于带电量为 q_2 的空腔导体球壳 B 的空腔内球心处，问：

（1）此时电荷如何分布？

（2）如果导体 A 在空腔内移动偏离球心，电荷分布有何变化？球壳 B 的外部电场分布是否变化？

（3）此时，当有其他带电体自 B 外部移近它时，腔内各点场强和电势是否变化？

（4）球壳 B 外表面电荷分布是否均匀？

（5）B 外表面附近场强是否还垂直于外表面？

（6）如果先将球壳 B 接地后，再移近其他带电体，对腔内各点场强和电势是否有影响？

解　（1）球壳 B 内表面带电 $-q_1$，外表面带电 $q_1 + q_2$，且都均匀分布。

（2）A 偏离球心后，B 内表面仍带电 $-q_1$，但不再均匀分布，B 外表面电荷分布及外部电场分布都不变化。

（3）腔内各点场强及各点间电势差不变化，但电势绝对值会有变化。

（4）球壳 B 外表面电荷分布不再均匀。

（5）球壳 B 外表面附近场强仍垂直于外表面。

（6）对腔内各点场强和电势都无影响。

2. 半径为 $10.0 \times 10^{-2}\mathrm{m}$ 的金属球 A，带电 $q = 10.0 \times 10^{-8}C$，把一个原来不带电的半径为 $20.0 \times 10^{-2}\mathrm{m}$ 的金属球壳 B（其厚度不计）同心地罩在 A 球的表面。

（1）求距离球心为 $15.0 \times 10^{-2}\mathrm{m}$ 的 P 点的电势，以及距离球心为 $25.0 \times 10^{-2}\mathrm{m}$ 的 Q 点的电势；

（2）用导线把 A 和 B 连结起来，再求 P 点和 Q 点的电势。

解　（1）金属球壳 B 罩在 A 球外面时，A 球所带电量 q 分布在它外表面上，B 球壳内表面感应电荷为 $-q$；因电荷守恒，故 B 球壳外表面带电荷为 q。做半径为 r 的同心球形高斯面，由高斯定理有

$$\oint_S \boldsymbol{E} \cdot \mathrm{d}\boldsymbol{S} = E \cdot \pi r^2 = \frac{1}{\varepsilon_0} \sum q_i$$

根据上述电荷分布可得

当 $R_1 < r < R_2$ 时，$\sum q_i = q$，代入上式得 $E_1 = \dfrac{q}{4\pi\varepsilon_0 r^2}$（沿径矢方向）。

当 $r > R_2$ 时，$\sum q_i = q$，代入上式得 $E_1 = \dfrac{q}{4\pi\varepsilon_0 r^2}$（沿径矢方向）。

对 P 点，$r = r_1 = 15.0 \times 10^{-2}$m，取径矢方向积分路径可得 P 点电势为

$$U_P = \int_{r_2}^{\infty} \boldsymbol{E} \cdot \mathrm{d}\boldsymbol{r} = \int_{r_1}^{R_2} \boldsymbol{E}_1 \cdot \mathrm{d}\boldsymbol{r} + \int_{R_2}^{\infty} \boldsymbol{E}_2 \cdot \mathrm{d}\boldsymbol{r} = \int_{r_1}^{R_2} \frac{q}{4\pi\varepsilon_0 r^2}\mathrm{d}r + \int_{R_2}^{\infty} \frac{q}{4\pi\varepsilon_0 r^2}\mathrm{d}r$$

$$= \frac{q}{4\pi\varepsilon_0 r_1} - \frac{q}{4\pi\varepsilon_0 R_2} + \frac{q}{4\pi\varepsilon_0 R_2}$$

$$= \frac{q}{4\pi\varepsilon_0 r_1} = 9.0 \times 10^9 \times 10^{-8} \times \frac{1}{0.15} = 6.0 \times 10^2 \text{V}$$

对 Q 点，$r = r_2 = 25.0 \times 10^{-2}$m，可得 Q 点电势为

$$U_Q = \int_{r_2}^{\infty} \boldsymbol{E} \cdot \mathrm{d}\boldsymbol{r} = \int_{r_2}^{\infty} E_2 \mathrm{d}r$$

$$= \int_{r_2}^{\infty} \frac{q}{4\pi\varepsilon_0 r^2}\mathrm{d}r$$

$$= \frac{q}{4\pi\varepsilon_0 r_2} = 9.0 \times 10^9 \times 10^{-8} \times \frac{1}{0.25} = 3.6 \times 10^2 \text{V}$$

（2）若用导线把 A 和 B 连接起来，则球壳 B 内表面电荷与 A 球电荷中和，剩下外表面上带正电荷 $q = 1.00 \times 10^{-8}$C，此时 A 和 B 为一等势体，所以 P 点的电势就是 B 球壳的电势，即

$$U_P = \int_{R_2}^{\infty} \boldsymbol{E}_2 \cdot \mathrm{d}\boldsymbol{r} = \int_{R_2}^{\infty} E_2 \mathrm{d}r$$

$$= \frac{q}{4\pi\varepsilon_0 R_2} = 9.0 \times 10^9 \times 1.0 \times 10^{-8} \times \frac{1}{0.20} = 4.5 \times 10^2 \text{V}$$

由于球壳外表面电荷分布不变，壳外场强分布不变，所以 Q 点电势不变仍为

$$U_Q = \frac{q}{4\pi\varepsilon_0 r_2} = 3.6 \times 10^2 \text{V}$$

3．两个均匀带电的金属同心球壳，内球壳半径为 $R_1 = 5.0$cm，带电 $q_1 = 0.60 \times 10^{-8}$C，外球壳内半径 $R_2 = 7.5$cm，，外半径 $R_3 = 9.0$cm，所带电量 $q_2 = -2.00 \times 10^{-8}$C。

（1）求距离球心 3.0、6.0、8.0、10.0cm 各点处的场强和电势。

（2）如果用导线把两个球壳连接起来，又如何？

解　（1）根据空腔导体性质，小球带电为 q_1，则大球壳内表面带电量为 $-q_1$，所以大球壳外表面上带电为 $q_1 + q_2$。

由导体静电平衡条件可知

$r < R_1$ 时，场强 $E_1 = 0$，故 $r_1 = 3$cm，$E_{r_1} = 0$。

$R_2 < r < R_3$ 时，场强 $E_3 = 0$，故 $r_3 = 8$cm 处，$E_{r_3} = 0$，根据高斯定理或场强叠加原理可求得

$R_1 < r < R_2$ 时，$E_2 = \dfrac{q_1}{4\pi\varepsilon_0 r^2}$，将 $r_2 = 6$cm 代入得 $E_{r_2} = 1.50 \times 10^4$V/m。

$r > R_3$ 时，$E_4 = \dfrac{q_1 + q_2}{4\pi\varepsilon_0 r^2}$，将 $r_4 = 10\text{cm}$ 代入得 $E_{r_4} = -1.26 \times 10^4 \text{V/m}$。

又根据电势定义或电势叠加原理可求出电势

$r < R_1$ 时，$U_1 = \dfrac{1}{4\pi\varepsilon_0}\left(\dfrac{q_1}{R_1} + \dfrac{-q_1}{R_2} + \dfrac{q_1 + q_2}{R_3}\right)$

将 $r_1 = 3\text{cm}$ 代入，得 $U_{r_1} = -1.04 \times 10^3 \text{V}$

$R_1 < r < R_2$ 时，$U_2 = \dfrac{q_1}{4\pi\varepsilon_0}\left(\dfrac{q_1}{r} + \dfrac{-q_1}{R_2} + \dfrac{q_1 + q_2}{R_3}\right)$

将 $r_2 = 6\text{cm}$ 代入，得 $U_{r_2} = -1.22 \times 10^3 \text{V}$

$R_2 < r < R_3$ 时，将 $r_1 = 3\text{cm}$ 代入，得 $U_{r_1} = -1.4 \times 10^3 \text{V}$

将 $r_3 = 8\text{cm}$ 代入，得 $U_{r_3} = -1.40 \times 10^3 \text{V}$

$r > R_3$ 时，$U_4 = \dfrac{1}{4\pi\varepsilon_0} \cdot \dfrac{q_1 + q_2}{r}$，代入 $r_4 = 10\text{cm}$ 得 $U_{r_4} = -1.26 \times 10^3 \text{V}$。

（2）如用导线将两球连接，此时内球 $+q_1$ 与外球壳内表面 $-q_1$ 中和，仅在壳外表面分布了 $q_1 + q_2 = -1.40 \times 10^{-8}\text{C}$ 的负电荷，外球壳内各点场强 $E = 0$，球壳外 r 处场强为

$$E = \frac{q_1 + q_2}{4\pi\varepsilon_0 r^2}$$

将 $r_4 = 10\text{cm}$ 代入，得 $E_{r_4} = -1.26 \times 10^4 \text{V} \cdot \text{m}^{-1}$。

两个球为等势体

$$U_{球} = \frac{q_1 + q_2}{4\pi\varepsilon_0 R_3} = 9 \times 10^9 \times \frac{-1.40 \times 10^{-8}}{0.090}$$

$$= -1.40 \times 10^3 \text{V}$$

10cm 处电势不变，仍为

$$U_{r_4} = -1.26 \times 10^3 \text{V}$$

4. A、B、C 是三块平行金属板，面积均为 200cm^2，A、B 相距 4.0mm，A、C 相距 2.0mm，B、C 两板都接地（如图 7-1）。设 A 板带电 $3.0 \times 10^{-7}\text{C}$，不计边缘效应，求 B 板和 C 板上的感应电荷，以及 A 板的电势，若在 A、B 间充以相对电容率为 $\varepsilon_r = 5$ 的均匀电解质，再求 B 板和 C 板上的感应电荷，以及 A 板的电势。

解（1）根据导体静电平衡条件，A 板带电量 q 一定，分布在左右两表面上，设右侧表面带电为 q_1，左侧为 q_2，则 B、C 两板感应电荷分别为 $-q_1$ 和 $-q_2$。

由电荷守恒有

$$q_1 + q_2 = q \tag{1}$$

由于 AB 间和 AC 间可视为匀强电场，故有

$$E_1 = E_{AB} = \frac{q_1}{\varepsilon_0 S}; \quad E_2 = E_{AC} = \frac{q_2}{\varepsilon_0 S}$$

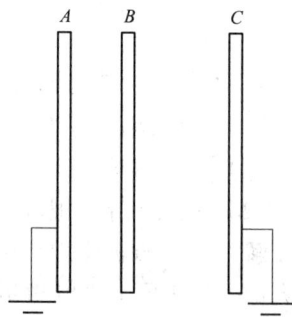

图 7-1

所以 $$\frac{q_1}{q_2}=\frac{E_1}{E_2}\tag{2}$$

依题意 $U_A-U_B=U_A-U_C$，故可得

$$E_1 d_1 = E_2 d_2 \tag{3}$$

解（1）、（2）、（3）得 $q_1=1.0\times10^{-7}\text{C}$，$q_2=2.0\times10^{-7}\text{C}$

所以 B 板上的感应电荷为 $-q_1=-1.0\times10^{-7}\text{C}$；$C$ 板上的感应电荷为 $-q_2=-2.0\times10^{-7}\text{C}$。

可求得 A 板电势为

$$U_A=E_1d_1=\frac{q_1}{\varepsilon_0 S}d_1$$

$$=\frac{1.0\times10^{-7}\times4.0\times10^{-3}}{8.85\times10^{-12}\times200\times10^{-4}}=2.26\times10^{3}\text{V}$$

（2）当 AB 间充以电解质时，满足下面关系式

$$q_1+q_2=q\tag{4}$$

$$E_1=\frac{q_1}{\varepsilon_0\varepsilon_r S},\quad E_2=\frac{q_2}{\varepsilon_0 S}$$

$$\frac{q_1}{q_2}=\frac{\varepsilon_r E_1}{E_2}=\frac{5d_2}{d_1}=\frac{5}{2}\tag{5}$$

解（4）、（5）两式得 $q_1=2.14\times10^{-7}\text{C}$；$q_2=0.86\times10^{-7}\text{C}$

所以 B 板感应电荷为 $-q_1=-2.14\times10^{-7}\text{C}$；$C$ 板感应电荷为 $-q_2=-0.86\times10^{-7}\text{C}$。

A 板电势为 $$U_A=E_1d_1=\frac{q_1}{\varepsilon_0\varepsilon_r S}d_1$$

$$=\frac{2.14\times10^{-7}\times4.0\times10^{-3}}{5\times8.85\times10^{-12}\times200\times10^{-4}}=9.7\times10^{2}\text{V}$$

5. 如图 $7-2$ 所示，一导体球带电 $q=1.00\times10^{-8}\text{C}$，半径为 $R=10.0\text{cm}$，球外有一层相对电容率为 $\varepsilon_r=5.00$ 的电解质球壳，其厚度 $d=10.0\text{cm}$，电解质球壳外面为真空。

（1）求离球心 O 为 r 处的电场强度 $\boldsymbol{E}$；

（2）求离球心 O 为 r 处的电势；

（3）分别取 $r=5.0$、15.0、25.0cm，算出相应的 E 和 U 的量值；

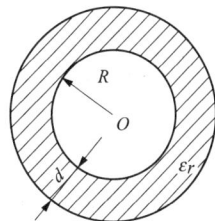
图 $7-2$

（4）求出电解质表面上的极化电荷面密度。

解 根据静电平衡时导体的性质，自由电荷均匀分布在导体球的表面上。

（1）做半径为 r 的与导体球同心的高斯球面 S，根据有电解质存在时的高斯定理可得

$$\int_S \boldsymbol{D}\cdot\mathrm{d}S=D\cdot4\pi r^2=\sum q$$

当 $r<R$ 时，因 $\sum q=0$，所以，$D_1=0$，$E_1=0$。

当 $R < r < R + d$ 时，$\sum q = q$ ，

故由上式得 $D_2 = \dfrac{q}{4\pi r^2}$ ，$E_2 = \dfrac{D_2}{\varepsilon_0 \varepsilon_r} = \dfrac{q}{4\pi \varepsilon_0 \varepsilon_r r^2}$ ，场强矢量式为

$$E_2 = \frac{q}{4\pi \varepsilon_0 \varepsilon_r r^2} \boldsymbol{r}_0$$

当 $r > R + d$ 时，$\sum q = q$ ，故 $D_3 = \dfrac{q}{4\pi r^2}$ ，$E_3 = \dfrac{D_3}{\varepsilon_0} = \dfrac{q}{4\pi \varepsilon_0 r^2}$ ，其矢量式为

$$E_3 = \frac{q}{4\pi \varepsilon_0 r^2} \boldsymbol{r}_0$$

（2）当 $r \leqslant R$ 时

$$
\begin{aligned}
U_1 &= \int_r^\infty \boldsymbol{E} \cdot \mathrm{d}\boldsymbol{r} = \int_r^R E_1 \mathrm{d}r + \int_R^{R+d} E_2 \mathrm{d}r + \int_{R+d}^\infty E_3 \mathrm{d}r \\
&= 0 + \frac{q}{4\pi \varepsilon_0 \varepsilon_r}\left(\frac{1}{R} - \frac{1}{R+d}\right) + \frac{q}{4\pi \varepsilon_0 (R+d)} \\
&= \frac{q}{4\pi \varepsilon_0 \varepsilon_r}\left(\frac{1}{R} + \frac{\varepsilon_r - 1}{R+d}\right)
\end{aligned}
$$

当 $R \leqslant r \leqslant R + d$ 时

$$
\begin{aligned}
U_2 &= \int_r^\infty \boldsymbol{E} \cdot \mathrm{d}\boldsymbol{r} = \int_r^{R+d} E_2 \mathrm{d}r + \int_{R+d}^\infty E_3 \mathrm{d}r \\
&= \frac{q}{4\pi \varepsilon_0 \varepsilon_r}\left(\frac{1}{r} - \frac{1}{R+d}\right) + \frac{q}{4\pi \varepsilon_0 (R+d)} \\
&= \frac{q}{4\pi \varepsilon_0 \varepsilon_r}\left(\frac{1}{r} + \frac{\varepsilon_r - 1}{R+d}\right)
\end{aligned}
$$

当 $r \geqslant R + d$ 时

$$U_2 = \int_r^\infty \boldsymbol{E} \cdot \mathrm{d}\boldsymbol{r} = \int_r^\infty E_3 \mathrm{d}r = \int_r^\infty \frac{q}{4\pi \varepsilon_0 r^2} \mathrm{d}r = \frac{q}{4\pi \varepsilon_0 r}$$

（3）将 $r = 5.0$ 、15.0 、$25.0 \mathrm{cm}$ 分别代入上述有关各式，可得相应的场强和电势。
$r = 0.05 \mathrm{m}$ ，$E = 0$

$$U = \frac{9.0 \times 10^9 \times 10^{-8}}{5}\left(\frac{1}{0.10} + \frac{5-1}{0.10 + 0.10}\right) = 5.4 \times 10^2 \mathrm{V}$$

$r = 0.15 \mathrm{m}$ ，$\quad E = \dfrac{9.0 \times 10^9 \times 10^{-8}}{5 \times (15 \times 10^{-2})} = 8.0 \times 10^2 \mathrm{V/m}$

$$U = \frac{9.0 \times 10^9 \times 10^{-8}}{5}\left(\frac{1}{0.15} + \frac{5-1}{0.10 + 0.10}\right) = 4.8 \times 10^2 \mathrm{V}$$

$r = 0.25 \mathrm{m}$ ，$\quad E = \dfrac{9.0 \times 10^9 \times 10^{-8}}{5 \times (25 \times 10^{-2})^2} = 1.44 \times 10^2 \mathrm{V/m}$

$$U = \frac{9.0 \times 10^9 \times 10^{-8}}{0.25} = 3.6 \times 10^2 \mathrm{V}$$

（4）介质内的极化强度为 $\quad P = (\varepsilon_r - 1)\varepsilon_0 E_2 = \left(1 - \dfrac{1}{\varepsilon_r}\right)\dfrac{q}{4\pi r^2}$

在 $r = R$ 处界面，有 $\quad \sigma_1' = -P_R = -\left(1 - \dfrac{1}{\varepsilon_r}\right)\dfrac{q}{4\pi R^2} = -6.37 \times 10^{-8} \mathrm{C/m^2}$

在 $r = R + d$ 处界面，有　　　$\sigma_2' = P_{R+d} = \left(1 - \dfrac{1}{\varepsilon_r}\right)\dfrac{q}{4\pi\ (R+d)^2} = 1.60 \times 10^{-8} C/m^2$

6. 求图 7-3 中所示组合电容器的等值电容，并求各
电容器上的电荷。

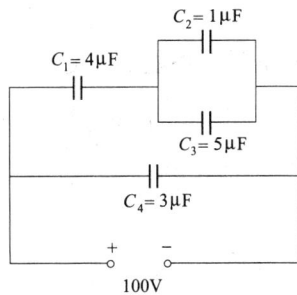

图 7-3

解　此电容器组合可看成是 C_2 与 C_3 并联后再与 C_1
串联，所得到的等效电容再与 C_4 并联而成。故其组合电
容为

$$C = C_4 \ \cfrac{1}{\cfrac{1}{C_1} + \cfrac{1}{C_2 + C_3}} = 3 + \cfrac{1}{\cfrac{1}{4} + \cfrac{1}{1+5}}$$

$$= 3 + \frac{12}{5} = 5.4 \mu F$$

C_4 上电荷为　　　$Q_4 = C_4 U = 3 \times 10^{-6} \times 100 = 3 \times 10^{-4} C$

C_1 上电荷为　　　$Q_1 = \cfrac{1}{\cfrac{1}{C_1} + \cfrac{1}{C_2 + C_3}} U = 2.4 \times 10^{-6} \times 100 = 2.4 \times 10^{-4} C$

C_2 上电荷为　　　$Q_2 = \cfrac{C_2}{C_2 + C_3} Q_1 = \cfrac{1}{1+5} \times 2.4 \times 10^{-4} = 4 \times 10^{-5} C$

C_3 上电荷为　　　$Q_3 = \cfrac{C_3}{C_2 + C_3} Q_1 = \cfrac{5}{1+5} \times 2.4 \times 10^{-4} = 2 \times 10^{-4} C$

7. 一平行板电容器的两极板间有两层均匀电解质，一层电解质的相对电容率为
$\varepsilon_{r_1} = 4.0$，厚度 $d_1 = 2.0 mm$，另一层电解质的相对电容率为 $\varepsilon_{r_2} = 2.0$，厚度 $d_2 = 3.0 mm$，
极板面积为 $S = 50 cm^2$，两极板间电压为 200V。计算：

（1）每层介质中的电场能量密度；

（2）每层介质中的总能量。

解　在平行板电容器中

$$U = E_1 d_1 + E_2 d_2$$
$$D = \varepsilon_0 \varepsilon_{r_1} E_1 = \varepsilon_0 \varepsilon_{r_2} E_2$$

可解得

（1）介质 1 中场强

$$E_1 = \cfrac{U}{d_1 + \cfrac{\varepsilon_{r_1}}{\varepsilon_{r_2}} d_2} = \cfrac{200}{2.0 \times 10^{-3} + \cfrac{4.0}{2.0} \times 3.0 \times 10^{-3}}$$

$$= 2.5 \times 10^4 V/m$$

介质 2 中场强

$$E_2 = E_1 \cfrac{\varepsilon_{r_1}}{\varepsilon_{r_2}} = 2.5 \times 10^4 \times \cfrac{4.0}{2.0} = 5.0 \times 10^4 V/m$$

电位移

$$D = \varepsilon_0 \varepsilon_{r_1} E_1 = 4.0 \times 8.85 \times 10^{-12} \times 2.5 \times 10^4 = 8.85 \times 10^{-7} C/m^2$$

将上面数值代入能量密度公式中，可得

介质 1 中能量密度

$$w_1 = \frac{1}{2}D_1E_1 = \frac{1}{2} \times 8.85 \times 10^{-7} \times 2.5 \times 10^4 = 1.1 \times 10^{-2}\,\mathrm{J/m^3}$$

介质 2 中能量密度

$$w_2 = \frac{1}{2}D_1E_2 = \frac{1}{2} \times 8.85 \times 10^{-7} \times 2.5 \times 10^4 = 2.2 \times 10^{-2}\,\mathrm{J/m^3}$$

（2）介质 1 中总能量

$$W_1 = w_1V_1 = w_1Sd_1 = 1.1 \times 10^{-2} \times 50 \times 10^{-4} \times 2.0 \times 10^{-3} = 1.1 \times 10^{-7}\,\mathrm{J}$$

介质 2 中总能量

$$W_2 = w_2V_2 = w_2Sd_2 = 2.2 \times 10^{-2} \times 50 \times 10^{-4} \times 2.0 \times 10^{-3} = 3.3 \times 10^{-7}\,\mathrm{J}$$

8. 两个同轴的长圆柱面（可视为无限长），长度均为 l，半径分别为 a 和 b，两圆柱面之间充有电容率为 ε 的均匀电解质。当这两个圆柱面带有等量异号电荷 $+Q$ 和 $-Q$ 时，求：

（1）在半径为 r（$a < r < b$）、厚度为 $\mathrm{d}r$、长度为 l 的圆柱薄壳中任一点处，电场能量密度是多少？整个薄壳中电场的总能量是多少？

（2）电解质中的总能量是多少？（由积分式算出）能否以此总能量推算圆柱形电容器的电容？

解 （1）当圆柱面上带有等量异号电荷 $+Q$ 和 $-Q$ 时，圆柱体内的电场能量密度为

$$w = \frac{1}{2}\varepsilon E^2 = \frac{1}{2}\varepsilon\left(\frac{\lambda}{2\pi\varepsilon r}\right)^2 = \frac{Q^2}{8\pi^2\varepsilon r^2 l^2}$$

在整个薄壳中的能量

$$\mathrm{d}W = w \cdot \mathrm{d}V = \frac{Q^2}{8\pi^2\varepsilon r^2 l^2} \cdot 2\pi r l \mathrm{d}r = \frac{Q^2}{4\pi\varepsilon l} \cdot \frac{\mathrm{d}r}{r}$$

（2）电解质中总能量

$$w = \int_a^b \frac{Q^2}{4\pi\varepsilon l} \cdot \frac{\mathrm{d}r}{r} = \frac{Q^2}{4\pi\varepsilon l}\ln\frac{b}{a} \tag{1}$$

根据电容器的能量公式有

$$W = \frac{1}{2} \cdot \frac{Q^2}{C} \tag{2}$$

（1）、（2）两式相等，即

$$\frac{1}{2} \cdot \frac{Q^2}{C} = \frac{Q^2}{4\pi\varepsilon l}\ln\frac{b}{a}$$

解得

$$C = \frac{2\pi\varepsilon l}{\ln(b/a)}$$

9. 真空中一导体球的半径为 R，带有电荷 q，求其电场中储存的能量。

解 导体球静电平衡时，电荷 q 一定在表面上，且均匀分布。由高斯定理或均匀带电球面的场强公式可得距球心为 r 处的场强大小为

$$E = \frac{q}{4\pi\varepsilon_0 r^2}$$

该处电场能量密度为 $\qquad w = \dfrac{1}{2}\varepsilon_0 E^2$

r 处厚度为 $\mathrm{d}r$ 的同心薄球壳中的电场能量为

$$\mathrm{d}W = w\mathrm{d}V = \dfrac{1}{2}\varepsilon_0 \left(\dfrac{q}{4\pi\varepsilon_0 r^2} \right)^2 \cdot 4\pi r^2 \mathrm{d}r$$

$$= \dfrac{q^2}{8\pi\varepsilon_0 r^2}\mathrm{d}r$$

电场中储存能量为

$$W = \int \mathrm{d}W = \int_R^\infty \dfrac{q^2}{8\pi\varepsilon_0 r^2}\mathrm{d}r = \dfrac{q^2}{8\pi\varepsilon_0 R}$$

四、补充练习题

1. 如图 7 – 4 所示，真空中两块面积很大（可视为无限大）的导体平板 A、B 平行放置，间距为 d，每板的厚度为 a，板面积为 S。现给 A 板带电 Q_A，B 板带电 Q_B。（1）求出两板各表面上的电荷面密度；（2）求两板之间的电势差。

解 （1）设 A 板两面所带电荷的面密度分别为 σ_1，σ_2；B 板所带电荷面密度分别为 σ_3，σ_4。根据电荷守恒有

$$\sigma_1 S + \sigma_2 S = Q_A \qquad (1)$$
$$\sigma_3 S + \sigma_4 S = Q_B \qquad (2)$$

根据导体静电平衡条件，导体内任一点场强为零。在导体板 A 内任取一点 M，其场强 $E_M = 0$，取电场方向向右为正，得

$$E_M = \dfrac{\sigma_1}{2\varepsilon_0} - \dfrac{\sigma_2}{2\varepsilon_0} - \dfrac{\sigma_3}{2\varepsilon_0} - \dfrac{\sigma_4}{2\varepsilon_0} = 0$$

即 $\qquad\qquad\qquad \sigma_1 - \sigma_2 - \sigma_3 - \sigma_4 = 0 \qquad (3)$

同理，对 B 板内一点 N，有 $E_N = 0$，因而有

$$\sigma_1 + \sigma_2 + \sigma_3 - \sigma_4 = 0 \qquad (4)$$

解（1）、（2）、（3）、（4）式，得

$$\sigma_A = \sigma_4 = \dfrac{Q_A + Q_B}{2S}$$

$$\sigma_2 = -\sigma_3 = \dfrac{Q_A - Q_B}{2S}$$

（2）由上面求得的电荷分布，可得 A、B 两板间的场强为

$$E = \dfrac{\sigma_2}{\varepsilon_0} = \dfrac{Q_A - Q_B}{2\varepsilon_0 S}$$

故 A、B 两板间电势差为

$$U_A - U_B = Ed = \dfrac{Q_A - Q_B}{2\varepsilon_0 S} \cdot d$$

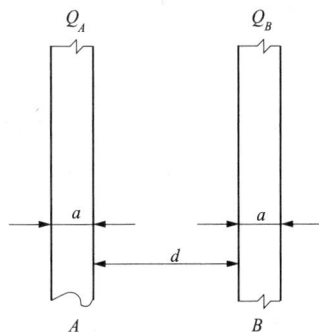

（若 $Q_A > Q_B$ 时，$U_A > U_B$；反之 $U_A < U_B$）

2. 半径为 R_1 的导体球，带有电荷 Q，球外有一均匀介质的同心球壳，球壳的内外半径分别为 R_2 和 R_3，相对电容率为 ε_r，如图 7-5。求：（1）介质内外的电场强度 E 和电位移 D；（2）介质内的电极化强度 P 和介质表面上的极化电荷面密度 σ'；（3）离球心 O 为 r 处的电势 U；（4）如果在介质外罩一半径为 R_3 的导体薄球壳，该球壳与导体构成一电容器，这电容器的电容有多大？

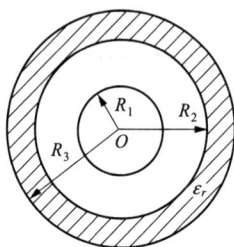

图 7-5

解　（1）由题设可知电荷和电场为球对称分布，做半径为 r 的与导体球同心的球形高斯面 S。由有介质时高斯定理有

$$\int D \cdot dS = D \cdot 4\pi r^2 = \sum q$$

当 $r < R_1$ 时，$D_1 = 0$，$E_1 = 0$

当 $R_1 < r < R_2$ 时，$D_2 = \dfrac{Q}{4\pi r^2}$，$E_2 = \dfrac{Q}{4\pi \varepsilon_0 r^2}$

当 $R_2 < r < R_3$ 时，$D_3 = \dfrac{Q}{4\pi r^2}$，$E_3 = \dfrac{Q}{4\pi \varepsilon_0 \varepsilon_r r^2}$

当 $r > R_3$ 时，$D_4 = \dfrac{Q}{4\pi r^2}$，$E_4 = \dfrac{Q}{4\pi \varepsilon_0 r^2}$

以上 E、D 方向均为径向，设 Q 为正，则沿径矢向外。

（2）介质内的极化强度

$$P = \varepsilon_0 (\varepsilon_r - 1) E_3 = \varepsilon_0 (\varepsilon_r - 1) \frac{Q}{4\pi \varepsilon_0 \varepsilon_r \cdot r^2} = \left(1 - \frac{1}{\varepsilon_r}\right) \frac{Q}{4\pi r^2}$$

方向与 E_3 相同，为径向。

电解质内外表面上的极化电荷面密度为

$r = R_2$ 处界面　　　$\sigma_1' = -P_1 = -\left(1 - \dfrac{1}{\varepsilon_r}\right) \dfrac{Q}{4\pi R_2^2}$

$r = R_3$ 处界面　　　$\sigma_2' = P_2 = \left(1 - \dfrac{1}{\varepsilon_r}\right) \dfrac{Q}{4\pi R_3^2}$

（3）当 $r \leqslant R_1$ 时

$$U_1 = \int_r^\infty E \cdot dr = \int_r^{R_1} E_1 dr + \int_{R_1}^{R_2} E_2 dr + \int_{R_2}^{R_3} E_3 dr + \int_{R_3}^\infty E_4 dr$$

$$= 0 + \frac{Q}{4\pi \varepsilon_0}\left(\frac{1}{R_1} - \frac{1}{R_2}\right) + \frac{Q}{4\pi \varepsilon_0 \varepsilon_r}\left(\frac{1}{R_2} - \frac{1}{R_3}\right) + \frac{Q}{4\pi \varepsilon_0}\left(\frac{1}{R_3} - 0\right)$$

$$= \frac{Q}{4\pi \varepsilon_0}\left[\frac{1}{R_1} - \left(1 - \frac{1}{\varepsilon_r}\right)\left(\frac{1}{R_2} - \frac{1}{R_3}\right)\right]$$

当 $R_1 \leqslant r \leqslant R_2$ 时

$$U_2 = \int_r^\infty E \cdot dr = \int_r^{R_2} E_2 dr + \int_{R_2}^{R_3} E_3 dr + \int_{R_3}^\infty E_4 dr$$

$$= \frac{Q}{4\pi \varepsilon_0}\left(\frac{1}{r} - \frac{1}{R_2}\right) + \frac{Q}{4\pi \varepsilon_0 \varepsilon_r}\left(\frac{1}{R_2} - \frac{1}{R_3}\right) + \frac{Q}{4\pi \varepsilon_0} \cdot \frac{1}{R_3}$$

$$= \frac{Q}{4\pi\varepsilon_0}\left[\frac{1}{r} - \left(1 - \frac{1}{\varepsilon_r}\right)\left(\frac{1}{R_2} - \frac{1}{R_3}\right)\right]$$

当 $R_2 \leqslant r \leqslant R_3$ 时

$$U_3 = \int_r^\infty \boldsymbol{E} \cdot \mathrm{d}\boldsymbol{r} = \int_r^{R_3} E_3 \mathrm{d}r + \int_{R_3}^\infty E_4 \mathrm{d}r$$

$$= \frac{Q}{4\pi\varepsilon_0\varepsilon_r}\left(\frac{1}{r} - \frac{1}{R_3}\right) + \frac{Q}{4\pi\varepsilon_0} \cdot \left(\frac{1}{R_3} - 0\right)$$

$$= \frac{Q}{4\pi\varepsilon_0\varepsilon_r}\left(\frac{1}{r} + \frac{\varepsilon_r - 1}{R_3}\right)$$

当 $r \geqslant R_3$ 时

$$U_4 = \int_r^\infty \boldsymbol{E} \cdot \mathrm{d}\boldsymbol{l} = \int_r^\infty E_4 \mathrm{d}r = \frac{Q}{4\pi\varepsilon_0 r}$$

（4）
$$C = \frac{Q}{U_{R_1} - U_{R_3}}$$

$$= \frac{Q}{\frac{Q}{4\pi\varepsilon_0}\left[\frac{1}{R_1} - \left(1 - \frac{1}{\varepsilon_r}\right)\left(\frac{1}{R_2} - \frac{1}{R_3}\right)\right] - \frac{Q}{4\pi\varepsilon_0 R_3}}$$

$$= \frac{4\pi\varepsilon_0}{\left(\frac{1}{R_1} - \frac{1}{R_2}\right) + \frac{1}{\varepsilon_r}\left(\frac{1}{R_2} - \frac{1}{R_3}\right)}$$

3. 平行板电容器的极板面积为 S，两板间距为 d，极板间充以两层均匀电解质，其一厚度为 d_1，相对电容率为 ε_{r_1}，其二厚度为 d_2，相对电容率为 ε_{r_2}（如图 7-6）。（1）试证这电容器的电容为

$$C = \frac{\varepsilon_0 S}{\dfrac{d_1}{\varepsilon_{r_1}} + \dfrac{d_2}{\varepsilon_{r_2}}}$$

设 $S = 200\mathrm{cm}^2$，$d_1 = 2.00\mathrm{mm}$，$d_2 = 3.00\mathrm{mm}$，$\varepsilon_{r_1} = 5.00$，$\varepsilon_{r_2} = 2.00$，求电容 C。（2）若以 3800V 的电势差（$U_A - U_B$）加在此电容器的两极板上，求板上的电荷面密度、介质内的场强和电位移。并求介质内的电极化强度，以及介质表面上的极化电荷面密度。

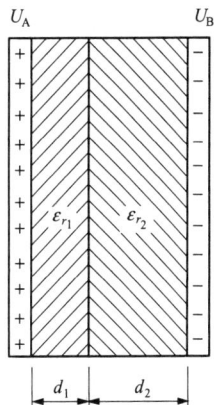

图 7-6

解　（1）设两极板 A、B 所带自由电荷为 $\pm Q$，由电容定义可知电容为

$$C = \frac{Q}{U_A - U_B} = \frac{Q}{E_1 d_1 + E_2 d_2} \tag{1}$$

对于平行板电容器中的电场，可由高斯定理求得

$$D = \sigma_0 = \frac{Q}{S} \tag{2}$$

又由 D、E 关系可得

$$E_1 = \frac{D}{\varepsilon_0 \varepsilon_{r1}} = \frac{\sigma_0}{\varepsilon_0 \varepsilon_{r1}}; \quad E_2 = \frac{D}{\varepsilon_0 \varepsilon_{r2}} = \frac{\sigma_0}{\varepsilon_0 \varepsilon_{r2}} \tag{3}$$

将（2）、（3）式结果代入（1），得

$$C = \frac{Q}{\frac{D}{\varepsilon_0}\left[\frac{d_0}{\varepsilon_{r_1}} + \frac{d_2}{\varepsilon_{r_2}}\right]} = \frac{\sigma_0 S}{\frac{\sigma_0}{\varepsilon_0}\left[\frac{d_1}{\varepsilon_{r_1}} + \frac{d_2}{\varepsilon_{r_2}}\right]} = \frac{\varepsilon_0 S}{\frac{d_1}{\varepsilon_{r_1}} + \frac{d_2}{\varepsilon_{r_2}}}$$

代入数据得 $\qquad C = 9.32 \times 10^{-11} \text{F}$

（2）以 $U_A - U_B = 3800 \text{V}$ 加在电容器极板上时，极板上的电荷面密度为

$$\sigma = \frac{Q}{S} = \frac{C(U_A - U_B)}{S} = \frac{9.23 \times 10^{-11} \times 3800}{2.00 \times 10^{-2}} = 1.77 \times 10^{-5} \text{C/m}^2$$

电位移

$$D = \sigma = 1.77 \times 10^{-5} \text{C/m}^2$$

介质 1 内电场强度

$$E_1 = \frac{D}{\varepsilon_0 \varepsilon_{r_1}} = \frac{1.77 \times 10^{-5}}{8.85 \times 10^{-5} \times 5.00} = 4.00 \times 10^5 \text{V/m}$$

介质 2 内电场强度

$$E_2 = \frac{D}{\varepsilon_0 \varepsilon_{r_2}} = \frac{1.77 \times 10^{-5}}{8.85 \times 10^{-12} \times 2.00} = 1.00 \times 10^6 \text{V/m}$$

介质 1 内极化强度

$$P_1 = (\varepsilon_{r_1} - 1)\varepsilon_0 E_1 = \sigma\left(1 - \frac{1}{\varepsilon_{r_1}}\right) = 1.77 \times 10^{-5} \times \left(1 - \frac{1}{5.00}\right)$$
$$= 1.42 \times 10^{-5} \text{C/m}^2$$

介质 2 内极化强度

$$P_2 = (\varepsilon_{r_2} - 1)\varepsilon_0 E_2 = \sigma\left(1 - \frac{1}{\varepsilon_{r_2}}\right) = 1.77 \times 10^{-5} \times \left(1 - \frac{1}{2.00}\right)$$
$$= 8.85 \times 10^{-6} \text{C/m}^2$$

介质 1 表面极化电荷面密度

$$\sigma_1' = P_1 = 1.42 \times 10^{-5} \text{C/m}^2$$

介质 2 表面极化电荷面密度

$$\sigma_2' = P_2 = 8.85 \times 10^{-6} \text{C/m}^2$$

（靠近带正电极板端 σ_A' 为负，另一端 σ_B' 为正）

（章新友）

第八章　电流的磁场

一、基本要求

1. 明确磁矩、磁感应强度、磁场强度、磁感应线、磁通量等概念。

2. 理解毕奥－萨伐尔定律，掌握由该定律推出的常用基本公式，并能应用它们求电流的磁场。

3. 会计算均匀和简单非均匀磁场中，通过某些给定平面或曲面的磁通量。

4. 理解安培环路定律，并能应用它计算一些简单载流导体的磁场分布。

5. 掌握安培定律，能够应用该定律求出具有简单几何形状的载流导线所受的力。

6. 掌握载流平面线圈在均匀磁场中所受的磁力矩公式，会用来求线圈所受磁力矩并判断线圈的转动方向。

7. 理解洛伦兹力的物理意义，会求运动带电粒子所受磁场力，并正确判断受力方向。

8. 了解质谱仪和霍耳效应的原理。

二、要点精讲

（一）基本概念

1. 线圈磁矩　载流线圈的面积与电流强度的乘积称为该线圈的磁矩。磁矩的方向为线圈正法线方向，它与电流方向之间成右手螺旋关系。

$$p_m = ISn_0$$

式中，n_0 为线圈正法线方向单位矢量。当线圈为 N 匝时，磁矩为单匝时的 N 倍。

2. 磁感应强度 B　磁感应强度是描述磁场强弱的物理量，通常把试探线圈在磁场中某点所受的最大磁力矩与试探线圈磁矩的比值定义为该点 B 的量值，即

$$B = \frac{M_{max}}{p_m}$$

B 的方向与试探线圈在磁场中稳定平衡时磁矩 p_m 的方向相同。

3. 磁场的形象描述

（1）磁感应线（简称 B 线）　在磁场中画出的一系列曲线，曲线上任一点的切线方向与该点的磁感应强度 B 方向一致，这样的一系列曲线称为磁感应线，同时规定通过磁场中某点与 B 矢量垂直的单位面积的磁感应线数目等于该点 B 的大小。

（2）磁通量　通过磁场中某一曲面的磁感应线数目称为通过该曲面的磁通量。

①面积元 dS 的磁通量　　　d$\Phi_m = B \cdot dS = B\cos\theta dS$

②曲面 S 的磁通量

$$\Phi_m = \int_S \boldsymbol{B} \cdot d\boldsymbol{S} = \int_S B\cos\theta dS$$

4. 磁场强度 $\boldsymbol{H}$ 磁场中某点处的磁场强度 $\boldsymbol{H}$ 等于该点磁感应强度 $\boldsymbol{B}$ 与磁介质磁导率 μ 的比值。

$$\boldsymbol{H} = \frac{\boldsymbol{B}}{\mu} = \frac{\boldsymbol{B}}{\mu_0\mu_r}$$

（二）基本规律

1. 毕奥 – 萨伐尔定律（电流元的磁场）

$$d\boldsymbol{B} = \frac{\mu_0}{4\pi} \cdot \frac{Id\boldsymbol{l} \times \boldsymbol{r}_0}{r^2}，大小为 \ dB = \frac{\mu_0}{4\pi} \cdot \frac{Idl\sin\theta}{r^2}$$

由磁场叠加原理，可求任意电流的磁场。

$$\boldsymbol{B} = \sum \boldsymbol{B}_i \quad （求矢量和）$$

$$\boldsymbol{B} = \int_L d\boldsymbol{B} \quad （求矢量积分）$$

2. 磁场高斯定理

$$\int_S \boldsymbol{B} \cdot d\boldsymbol{S} = 0$$

在磁场中通过任何闭合曲面的总磁通量必为零。

3. 安培坏路定律

$$\int_L \boldsymbol{B} \cdot d\boldsymbol{l} = \mu_0 \sum_{i=1}^{n} I_i$$

应用安培环路定律时应注意：

（1）曲线 L 一定要闭合，$\boldsymbol{B}$ 为 L 上 $d\boldsymbol{l}$ 处总的磁感应强度。

（2）$\sum I$ 为从回路 L 内穿过的所有电流的代数和。当电流 I 的方向与回路绕行方向符合右手螺旋关系时，I 为正，反之为负。

（3）该定律适用于任意闭合回路的磁场，不适用于非闭合回路的磁场。

（4）利用该定律求磁场时，常常仅限于某些电流分布具有一定对称性的场合。

4. 安培定律   电流元 $Id\boldsymbol{l}$ 在磁场 $\boldsymbol{B}$ 中所受安培力为

$$d\boldsymbol{f} = Id\boldsymbol{l} \times \boldsymbol{B}$$

载流导线 L 所受磁场力应为各电流元受力矢量和

$$\boldsymbol{f} = \int_L d\boldsymbol{f} = \int_L Id\boldsymbol{l} \times \boldsymbol{B}$$

5. 匀强磁场中的平面线圈受磁力矩

（1）受磁场的合力为零，即 $\sum \boldsymbol{f} = 0$

（2）受磁力矩 $\boldsymbol{M} = \boldsymbol{p}_m \times \boldsymbol{B}$

式中，$\boldsymbol{p}_m$ 为线圈磁矩。

6. 洛伦兹力   运动电荷在磁场中所受的磁场力称为洛伦兹力。

$$\boldsymbol{f} = q\boldsymbol{v} \times \boldsymbol{B}$$

7. 霍耳效应   载有电流的导体（或半导体）置于磁场中，由于运动的载流子受到洛伦兹力作用在导体横向产生电荷积累，从而产生电势差的现象称为霍耳效应。霍耳电势差可由下式表示。

$$U_{AB} = R_{\text{H}} \frac{IB}{b}$$

式中，R_{H} 称为霍耳系数。

（三）常用公式

解决一些电流产生磁场的实际问题，往往并不需要直接从毕奥－萨伐尔定律出发，而是利用由该定律推出的一些重要结果，这些常用公式如下所示。

1. 一段载流直导线的磁场　　$B = \dfrac{\mu_0 I}{4\pi a}(\cos\theta_1 - \cos\theta_2)$

无限长直导线的磁场　　$B = \dfrac{\mu_0 I}{2\pi a}$

2. 圆形电流轴线上一点的磁场　　$B = \dfrac{\mu_0 I R^2}{2r^3} = \dfrac{\mu_0}{2} \cdot \dfrac{IR^2}{(R^2 + x^2)^{3/2}}$

圆形电流圆心处的磁场　　$B = \dfrac{\mu_0 I}{2R}$

一段圆弧圆心处的磁场　　$B = \dfrac{\mu_0 I}{2R} \cdot \dfrac{a}{2\pi} = \dfrac{\mu_0 I}{2R} \cdot \dfrac{l}{2\pi R}$

3. 无限长载流直螺线管内部的磁场　　$B = \mu_0 n I$

三、习题与解答

1. 真空中有两根互相平行的无限长直导线 L_1 和 L_2，相距 0.10m，通有方向相反的电流，$I_1 = 10\text{A}$，$I_2 = 20\text{A}$，如图 8－1 所示。A、B 两点与导线在同一平面内，这两点与导线 L_2 的距离均为 0.050m。试求：（1）A、B 两点处的磁感应强度；（2）磁感应强度为零的点的位置。

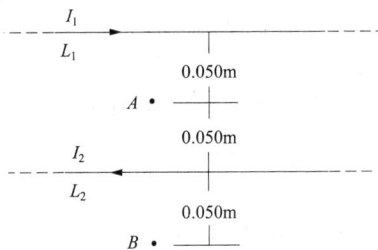

图 8－1

解　（1）L_1 的电流在 A 点产生的磁感应强度

$$B_{1A} = \frac{\mu_0 I_1}{2\pi r} = \frac{\mu_0 \times 10}{2\pi \times 0.050} = 1.0 \times \frac{\mu_0}{\pi} \times 10^2$$

L_2 的电流在 A 点产生的磁感应强度

$$B_{2A} = \frac{\mu_0 I_2}{2\pi r} = \frac{\mu_0 \times 20}{2\pi \times 0.050} = 2.0 \times \frac{\mu_0}{\pi} \times 10^2 \quad （方向都垂直纸面向里）$$

A 点的合磁感应强度 $\boldsymbol{B}_A = \boldsymbol{B}_{1A} + \boldsymbol{B}_{2A}$，因 $\boldsymbol{B}_{1A}$ 和 $\boldsymbol{B}_{2A}$ 方向相同，所以 $\boldsymbol{B}_A$ 的大小为

$$B_A = B_{1A} + B_{2A} = 1.0 \times \frac{\mu_0}{\pi} \times 10^2 + 2.0 \times \frac{\mu_0}{\pi} \times 10^2$$

$$= 3.0 \times \frac{4\pi \times 10^{-7}}{\pi} \times 10^2 = 1.2 \times 10^{-4}\text{T} \quad （方向垂直纸面向里）$$

L_1 和 L_2 的电流在 B 点所产生的磁感应强度分别为

$$B_{1B} = \frac{\mu_0 I_1}{2\pi r_1} = \frac{\mu_0 \times 10}{2\pi \times 3 \times 0.050} = \frac{1.0}{3} \times \frac{\mu_0}{\pi} \times 10^2 \quad （方向垂直纸面向里）$$

$$B_{2B} = \frac{\mu_0 I_2}{2\pi r_2} = \frac{\mu_0 \times 20}{2\pi \times 0.050} = 2.0 \times \frac{\mu_0}{\pi} \times 10^2 \quad \text{（方向垂直纸面向外）}$$

B 点的合磁感应强度 $\boldsymbol{B}_B = \boldsymbol{B}_{1B} + \boldsymbol{B}_{2B}$，因 $\boldsymbol{B}_{1B}$ 和 $\boldsymbol{B}_{2B}$ 方向相反，所以 $\boldsymbol{B}_B$ 的大小为

$$B_B = B_{2B} - B_{1B} = 2.0 \times \frac{\mu_0}{\pi} \times 10^2 - \frac{1.0}{3} \times \frac{\mu_0}{\pi} \times 10^2$$

$$= \frac{5.0}{3} \times \frac{4\pi \times 10^{-7}}{\pi} \times 10^2 = 6.7 \times 10^{-5} \text{T} \quad \text{（方向垂直纸面向外）}$$

（2）设磁感应强度为零的点离 L_1 的距离为 r_1，离 L_2 的距离为 r_2。那么该点必须满足 $B_1 = B_2$，方向相反，则该点必在 L_1 的外侧。因而有

$$\frac{\mu_0 I_1}{2\pi r_1} = \frac{\mu_0 I_2}{2\pi r_2} \tag{1}$$

$$r_2 - r_1 = 0.10 \tag{2}$$

由（1）、（2）两式解得 $r_1 = 0.10\text{m}$，$r_2 = 0.20\text{m}$。

故该点在纸面内离 L_1 外侧为 0.10m，离 L_2 为 0.20m 的平行于导线的直线上。

2. 如图 8 - 2 所示，载有电流 $I = 2.0\text{A}$ 的无限长直导线，中部弯成半径 $r = 0.10\text{m}$ 的半圆环。求环中心 O 的磁感应强度。

解 O 点的磁感应强度等于直线 $\overline{AB}$、半圆环 $\overline{BCD}$ 与直线 $\overline{DE}$ 三段载流导线所产生的磁感应强度的矢量和，由于直线段 $\overline{AB}$、$\overline{DE}$ 的延长线通过 O 点，所以它们在 O 点磁感应强度为零。半圆环 BCD 在 O 点产生的磁感应强度为

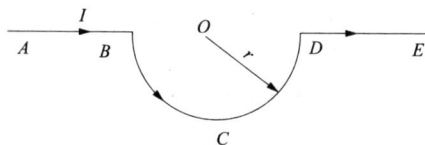

图 8 - 2

$$B = \frac{\mu_0 I}{2r} \cdot \frac{\alpha}{2\pi} = \frac{4\pi \times 10^{-7} \times 2.0}{2 \times 0.10} \cdot \frac{\pi}{2\pi} = 6.28 \times 10^{-6} \text{T} \quad \text{（方向垂直纸面向外）}$$

3. 一根载有电流 I 的长直导线沿半径方向接到均匀铜环的 A 点，然后从铜环的 B 点沿半径方向引出，见图 8 - 3。求环中心的磁感应强度。

解 因为 O 点在引入和引出的两根长直导线的延长线上，故两段载流直导线部分在 O 点所产生磁感应强度为零。

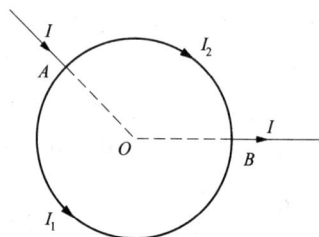

图 8 - 3

设铜环上两支路的电流分别是 I_1 和 I_2，流经的圆弧长度分别是 l_1 和 l_2，则 I_1 和 I_2 在 O 点产生的磁感应强度分别为

$$B_1 = \frac{\mu_0 I_1 l_1}{4\pi r^2}, \quad B_2 = \frac{\mu_2 I_2 l_2}{4\pi r^2}$$

B_1 和 B_2 均垂直于纸面，但方向相反。

由于两段圆弧形导线是并联的，而导线的电阻与其长度成正比，所以

$$\frac{I_1}{I_2} = \frac{R_2}{R_1} = \frac{l_2}{l_1}, \quad \text{即} \quad I_1 l_1 = I_2 l_2$$

因此 $B_1 = B_2$，而方向相反，故 O 点的磁感应强度 $B = B_1 - B_2 = 0$。

4. 如图 8 - 4 所示，I 为两个平行的无限长直电流，电流方向垂直纸面向外，求在 O 点的磁感应强度 B。

解　两根无限长直导线在 O 点的磁场大小均为

$$B = \frac{\mu_0 I}{2\pi a}$$

且二者方向互相垂直。

故合场强为　　$\boldsymbol{B}_0 = \boldsymbol{B} + \boldsymbol{B}$

合场强大小为

$$B_0 = \sqrt{2}\,\frac{\mu_0 I}{2\pi a}$$

方向与水平成 45°斜向左下方。

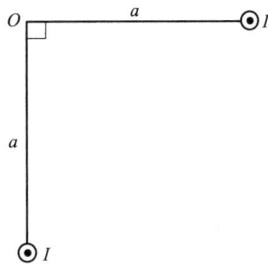

图 8 - 4

5. 一空心长直螺线管半径 1.0cm，长 20cm，共绕 500 匝，通有 1.5A 的电流，求通过螺线管的磁通量。

解　螺线管内磁感应强度

$$B = \mu_0 \frac{N}{l} I$$

所以通过线圈的磁通量为

$$\Phi = BS = \mu_0 \frac{N}{l} I\pi r^2 = 4\pi \times 10^{-7} \times \frac{500}{0.20} \times 1.5 \times \pi \times 0.010^2 = 1.5 \times 10^6 \text{Wb}$$

6. 一个半径为 R 的无限长半圆柱面导体，自上而下沿长度方向的电流 I 在柱面上均匀分布，如图 8 -5 所示。求半圆面轴线上的磁感应强度。

解　半圆柱面导体可看作由许多平行的、宽度为 dl 的无限长直导线组成，每一窄条电流强度为

$$dI = \frac{I dl}{\pi R} = \frac{IR d\theta}{\pi R} = I\frac{d\theta}{\pi}$$

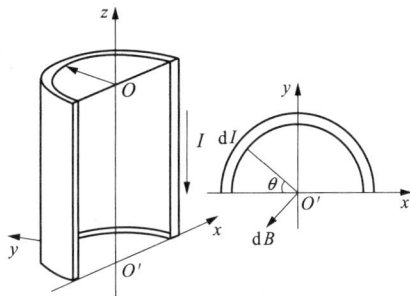

图 8 - 5

它在轴线上任一点 P 处产生的磁感应强度为

$$dB = \frac{\mu_0 dI}{2\pi R} = \frac{\mu_0 I}{2\pi R} \cdot \frac{d\theta}{\pi} = \frac{\mu_0 I}{2\pi^2 R} d\theta$$

其方向如图 8 - 5 所示，将 dB 分解为 x、y 轴上的分量为

$$dB_x = -dB\sin\theta = -\frac{\mu_0 I}{2\pi^2 R}\sin\theta d\theta$$

$$dB_y = -dB\cos\theta = -\frac{\mu_0 I}{2\pi^2 R}\cos\theta d\theta$$

对所有窄条电流取积分

$$B_x = -\int_0^\pi \frac{\mu_0 I}{2\pi^2 R}\sin\theta d\theta = \frac{\mu_0 I}{2\pi^2 R}\cos\theta \Big|_0^\pi = -\frac{\mu_0 I}{\pi^2 R}$$

$$B_y = -\int_0^\pi \frac{\mu_0 I}{2\pi^2 R}\cos\theta\mathrm{d}\theta = -\frac{\mu_0 I}{2\pi^2 R}\sin\theta\Big|_0^\pi = 0$$

轴线上任一点总的磁感应强度为

$$B = B_x = -\frac{\mu_0 I}{\pi^2 R}$$

方向为指向 x 轴的负方向。

7. 真空中有一半径为 R 的无限长直金属圆棒，通有电流 I，若电流在导体横截面上均匀分布，求：（1）导体内、外磁感应强度的大小；（2）导体表面磁感应强度的大小。

解 根据对称性，导体内外磁感应线都是以轴线为中心的同心圆，以这样的圆周为积分路线，若半径为 r，由安培环路定律，有

$$\oint_L \boldsymbol{B} \cdot \mathrm{d}\boldsymbol{l} = 2\pi r B = \mu_0 \sum I$$

（1）导体外 $r > R$，$\sum I = I$，所以

$$B = \frac{\mu_0 I}{2\pi r}$$

可见此时与无限长直线电流的磁感应强度相同。

导体内 $r < R$，此时

$$\sum I = I\frac{\pi r^2}{\pi R^2} = \frac{r^2 I}{R^2}, \quad B = \frac{\mu_0 \frac{r^2}{R_2} I}{2\pi r} = \frac{\mu_0 r I}{2\pi R^2}$$

（2）导体表面 $r = R$，$\sum I = I$，所以

$$B = \frac{\mu_0 I}{2\pi R}$$

8. 电流 I 均匀地流过半径为 R 的圆形长直导线，试计算单位长度导线内通过图 8-6 中所示剖面的磁通量。

解 圆形导体内部半径为 r 处的磁感应强度为

$$B = \frac{\mu_0 r I}{2\pi R^2}$$

沿轴线方向在剖面上取长为 l，宽为 $\mathrm{d}r$ 的面元 $\mathrm{d}S = l\mathrm{d}r$，考虑到面元上各点 B 相同，故穿过面元的磁通量 $\mathrm{d}\Phi = B\mathrm{d}S$，所以单位长度剖面上的磁通量为

$$\Phi = \frac{1}{l}\int_S B\mathrm{d}S = \frac{1}{l}\int_0^R \frac{\mu_0 r I l}{2\pi R^2}\mathrm{d}r = \frac{\mu_0 I}{4\pi}$$

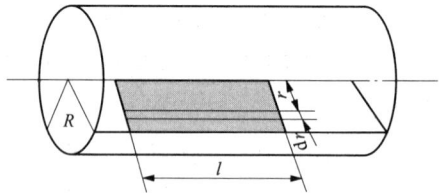

图 8-6

9. 一条通有 2.0A 电流的铜线，弯成如图 8-7 所示的形状。半圆的半径 $R = 0.12\mathrm{m}$，放在 $B = 1.5 \times 10^{-2}\mathrm{T}$ 的均匀磁场中，磁场方向垂直纸面向里，试求该铜线所受的磁场作用力。

解 把导线分为两段直线和一段半圆弧。导线

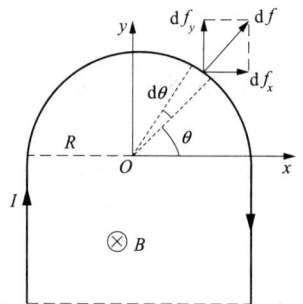

图 8-7

上每一电流元 $I\mathrm{d}l$ 受力

$$\mathrm{d}\boldsymbol{f} = I\mathrm{d}\boldsymbol{l} \times \boldsymbol{B}$$

半圆弧上的电流元所受的力按坐标方向可分解为两部分

$$\mathrm{d}f_x = BIR\cos\theta\mathrm{d}\theta, \qquad f_x = \int_0^\pi BIR\cos\theta\mathrm{d}\theta = 0$$

$$\mathrm{d}f_y = BIR\sin\theta\mathrm{d}\theta, \qquad f_y = \int_0^\pi BIR\sin\theta\mathrm{d}\theta = 2BIR$$

两段直线部分所受安培力大小相等，方向相反，两力平衡，相互抵消。因此整根铜线所受安培力

$$f = f_y = 2BIR = 2 \times 1.5 \times 10^{-2} \times 2.0 \times 0.12 = 7.2 \times 10^{-3}\mathrm{N}$$

合力方向为沿 y 轴指向正方向。

10. 一条无限长直载流导线通有电流 I_1，另一载有电流 I_2、长度为 l 的直导线 AB 与它互相垂直放置，A 端与长直导线相距为 d，如图 8-8 所示。试求导线 AB 所受的安培力。

解 以长直导线上一点为原点作 Ox 坐标轴（如图 8-8），根据长直导线周围的磁场分布，距长直导线为 x 处的磁感应强度为

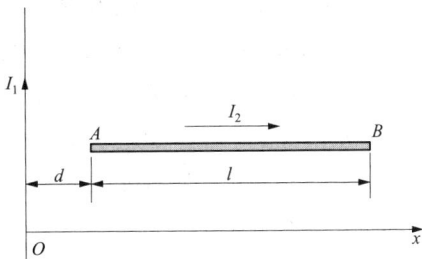

图 8-8

$$B = \frac{\mu_0 I_1}{2\pi x}$$

该处电流元 $I_2\mathrm{d}x$ 受力大小为 $\mathrm{d}f = I_2 B\mathrm{d}x$，$AB$ 受合力为

$$f = \int \mathrm{d}f = \int_d^{d+l} I_2 B\mathrm{d}x = \int_d^{d+l} \frac{\mu_0 I_1 I_2}{2\pi x}\mathrm{d}x = \frac{\mu_0 I_1 I_2}{2\pi}\ln x \Big|_l^{d+l} = \frac{\mu_0 I_1 I_2}{2\pi}\ln\left(1 + \frac{l}{d}\right)$$

方向向上并与 I_1 方向平行。

11. 如图 8-9 所示，一根长直导线载有电流 $I_1 = 30\mathrm{A}$，与它同一平面的矩形线圈 $ABCD$ 载有电流 $I_2 = 10\mathrm{A}$。试计算作用在矩形线圈的合力。已知 $d = 1.0\mathrm{cm}$，$b = 9.0\mathrm{cm}$，$l = 12\mathrm{cm}$。

解 矩形线圈上、下两段导线所受安培力大小相等方向相反，相互抵消。

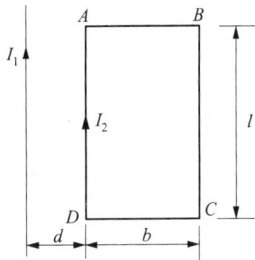

图 8-9

AD 段受力 $\qquad f_{AD} = I_2 B_{AD}l = I_2\dfrac{\mu_0 I_1}{2\pi d}l \qquad$ （方向向左）

BC 段受力 $\qquad f_{BC} = I_2 B_{BC}l = I_2\dfrac{\mu_0 I_1}{2\pi(d+b)}l \qquad$ （方向向右）

合力的大小为

$$f = f_{AD} - f_{BC} = \frac{\mu_0 I_1 I_2 l}{2\pi d} - \frac{\mu_0 I_1 I_2 l}{2\pi(d+b)} = \frac{\mu_0 I_1 I_2 l}{2\pi}\left(\frac{1}{d} - \frac{1}{d+b}\right)$$

$$= \frac{4\pi \times 10^{-7} \times 30 \times 10 \times 0.12}{2\pi}\left(\frac{1}{0.010} - \frac{1}{0.010 + 0.090}\right) = 6.48 \times 10^{-4}\mathrm{N}$$

合力向左指向直导线。

12. 长方形线圈 $ABCD$ 载有 10A 电流，方向如图 8-10 所示，可以绕 y 轴转动。线圈放置在磁感应强度为 0.20T、方向平行于 x 轴的匀强磁场中。试求：（1）线圈每边受力的大小和方向；（2）要维持线圈不动，需要多大力矩？（3）线圈处在什么位置时所受力矩最小？

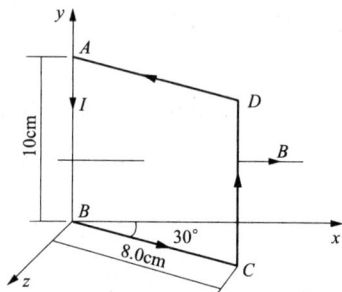

图 8-10

解 （1）$F_{AB} = BIl_2 = 0.20 \times 10 \times 0.10 = 0.20$N （沿 z 轴正方向）

$$F_{BC} = BIl_1\sin30° = 0.20 \times 10 \times 0.080 \times 0.5 = 0.080N \quad （沿 y 轴正方向）$$

$$F_{CD} = F_{AB} = 0.20\text{N} \quad （沿 z 轴负方向）$$

$$F_{DA} = F_{BC} = 0.080\text{N} \quad （沿 y 轴负方向）$$

（2）线圈受磁力矩 $\boldsymbol{M} = \boldsymbol{p}_m \times \boldsymbol{B}$，其大小为

$M = BIl_1l_2\sin（90° - 30°） = 0.20 \times 10 \times 0.080 \times 0.10 \times \sin60° = 1.4 \times 10^{-2}$N · m，力矩方向用右手螺旋法则确定为 y 轴正方向，要维持线圈不动，则外加的力矩要大小相等，指向 y 轴负方向。

（3）当 $\boldsymbol{p}_m$ 与 $\boldsymbol{B}$ 方向相同或相反时，$\boldsymbol{n}_0$ 与 $\boldsymbol{B}$ 的夹角为 0 或 $\boldsymbol{\pi}$，所受的力矩 $M = 0$。

13. 一长直导线载有电流 30A，离导线 3.0cm 处有一电子以速率 2.0×10^7m/s 运动，求以下三种情况作用在电子上的洛伦兹力：

（1）电子的速度 $\boldsymbol{v}$ 平行于导线；

（2）速度 $\boldsymbol{v}$ 垂直于导线并指向导线；

（3）速度 $\boldsymbol{v}$ 垂直于导线和电子所构成的平面。

解 长直载流导线周围的磁感应强度为 $B = \dfrac{\mu_0 I}{2\pi r}$，方向与长直电流的方向成右手螺旋关系。

运动电子所受的洛伦兹力 $\quad \boldsymbol{f} = q\boldsymbol{v} \times \boldsymbol{B} = -e\boldsymbol{v} \times \boldsymbol{B}$

（1）$\boldsymbol{v}$ 平行于导线，则 $\boldsymbol{v}$ 与 $\boldsymbol{B}$ 垂直

$$f = evB\sin\frac{\pi}{2} = \frac{\mu_0 Iev}{2\pi r} = \frac{4\pi \times 10^{-7} \times 30 \times 1.6 \times 10^{-19} \times 2.0 \times 10^7}{2\pi \times 3.0 \times 10^{-2}} = 6.4 \times 10^{-16}\text{N}$$

方向：若 $\boldsymbol{v}$ 与 I 同向，则 $\boldsymbol{f}$ 垂直于导线指向外侧；若 $\boldsymbol{v}$ 与 I 反向，则 $\boldsymbol{f}$ 垂直指向导线。

（2）此时 $\boldsymbol{v}$ 与 $\boldsymbol{B}$ 互相垂直，所以洛伦兹力大小同上，即 $f = 6.4 \times 10^{-16}$N，其方向与电流的方向相同。

（3）此时 $\boldsymbol{v}$ 与 $\boldsymbol{B}$ 平行，洛伦兹力为零。

14. 图 8-11 中，一个电子在 $B = 5.0 \times 10^{-4}$T 的均匀磁场中做圆周运动，圆周半径 $r = 2.2$cm，磁感应强度 $\boldsymbol{B}$ 垂直于纸面向外。当电子运动到 A 点时，速度方向如图所示。

（1）试画出电子运动的轨道；

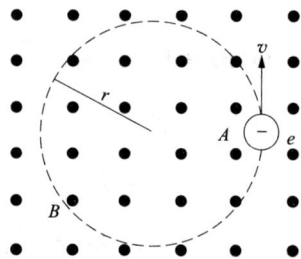

图 8-11

（2）求出运动速度 v 的大小；

（3）求出电子的动能 E_k。

解　（1）因电子带负电，所以在 A 点受到向左的洛伦兹力的作用，沿逆时针方向按图中虚线轨迹做匀速圆周运动。

（2）洛伦兹力就是电子做圆周运动的向心力，有

$$evB = m\frac{v^2}{r}$$

$$v = \frac{eBr}{m} = \frac{1.6 \times 10^{-19} \times 5.0 \times 10^{-4} \times 2.2 \times 10^{-2}}{9.1 \times 10^{-31}}$$

$$= 1.9 \times 10^6 \text{m/s}$$

（3）电子的动能

$$E_k = \frac{1}{2}mv^2 = \frac{1}{2} \times 9.1 \times 10^{-31} \times (1.9 \times 10^6)^2 = 1.6 \times 10^{-18} \text{J}$$

15. 质谱仪的原理如图 8 – 12 所示，离子源 S 产生质量为 m、电荷为 q 的离子。离子的初速度很小，可看作是静止的。经电势差 U 加速后，离子进入磁感应强度为 B 的均匀磁场，并沿着半圆形轨道到达离入口处距离为 x 的感光底片 P 上。试证明该离子的质量为 $m = \dfrac{B^2 q}{8U}x^2$。

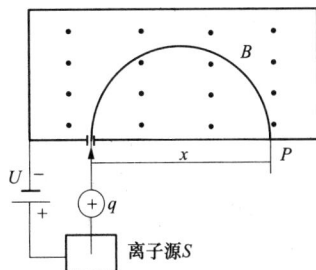

证明　初速度为零的离子在电势差为 U 的电场中获得的动能为

$$\frac{1}{2}mv^2 = qU$$

所以

$$v = \sqrt{\frac{2qU}{m}}$$

图 8 – 12

进入磁场后，在洛伦兹力作用下做圆周运动，向心力为

$$qvB = m\frac{v^2}{\dfrac{x}{2}}, \quad qB = \frac{2m}{x}\sqrt{\frac{2qU}{m}}$$

故

$$m = \frac{B^2 q}{8U}x^2$$

16. 一个铁芯环形螺线管，中心线长为 20cm，均匀密绕 400 匝，当通以 2.0A 电流时，测得环内的磁感应强度为 1.0T。试求：（1）放入和移去铁芯时，环内的磁场强度；（2）该铁芯的相对磁导率。

解　（1）磁场强度 H 与磁介质无关，不管有无铁芯，环内的磁场强度均为

$$H = \frac{N}{l}I = \frac{400}{0.20} \times 2.0 = 4.0 \times 10^3 \text{A/m}$$

（2）根据 $B = \mu_0 \mu_r H$

$$\mu_r = \frac{B}{\mu_0 H} = \frac{1.0}{4\pi \times 10^{-7} \times 4.0 \times 10^3} = 2.0 \times 10^2$$

四、补充练习题

1. 求如图 8 – 13 所示的载流导线在 O 点的磁感应强度 B。

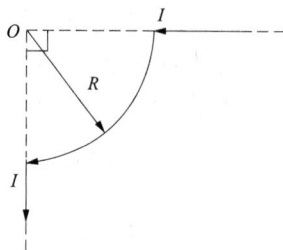

解 因 O 点在两条无限长通电直导线的延长线上，故两者在 O 点的 B 为零，在 O 点只有 $\frac{1}{4}$ 圆弧的电流在 O 点产生磁场

$$B_o = \frac{1}{4}\left(\frac{\mu_0 I}{2R}\right) = \frac{\mu_0 I}{8R}$$

图 8 – 13

方向垂直纸面向里。

2. 一半径为 R 的薄圆盘，放在磁感应强度为 B 的均匀磁场中，$\boldsymbol{B}$ 的方向与盘面平行，在圆盘表面上，电荷面密度为 σ。若圆盘以角速度 ω 绕通过盘心并垂直盘面的轴转动。求证作用在圆盘上的磁力矩为

$$M = \frac{\sigma\omega\pi BR^4}{4}$$

解 旋转的带电圆盘可以等效为一组同心圆电流，如图 8 – 14 所示，在带电圆盘面上距圆心半径为 r 处取宽度为 dr 的细圆环，其等效圆电流为

$$dI = \frac{\sigma \cdot 2\pi r dr}{T} = \sigma\omega r dr$$

细圆环电流的磁矩为

$$dp = \pi r^2 dI = \sigma\omega\pi r^3 dr$$

在磁场中受到磁力矩的作用，其大小为

$$dM = |\, d\boldsymbol{p} \times \boldsymbol{B}| = Bdp = \sigma\omega\pi Br^3 dr$$

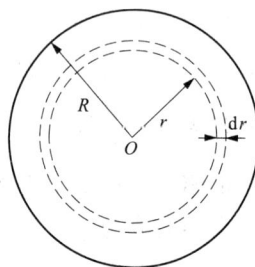

图 8 – 14

不同半径的圆电流所受到的磁力矩方向相同，因此，作用在圆盘上的磁力矩为

$$M = \int Bdp = \int_0^R \sigma\omega\pi Br^3 dr = \frac{\sigma\omega\pi BR^4}{4}$$

3. 当需要在空间某处获得一个近似均匀的磁场时，常用所谓的亥姆霍兹线圈，如图 8 – 15 所示。两个半径均为 R 的圆线圈，平行地共轴放置。设线圈圆心 O_1、O_2 相距为 a，所载电流均为 I，且电流方向相同。

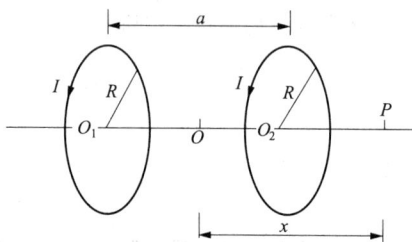

图 8 – 15

（1）以 $O_1 O_2$ 连线的中心 O 为原点，求轴线上坐标为 x 的 P 点的磁感应强度。

（2）试证明，当 $a = R$ 时，O 点处的磁场最为均匀。（提示：可由 $\left[\dfrac{dB}{dx}\right]_{x=0} = 0$ 和 $\left[\dfrac{d^2 B}{dx^2}\right]_{x=0} = 0$ 来证明）。

解 （1）两圆线圈在 P 点处产生的磁感应强度为

$$B = \frac{\mu_0 I R^2}{2\left[R^2 + (x + \frac{a}{2})^2 \right]^{3/2}} + \frac{\mu_0 I R^2}{2\left[R^2 + (x - \frac{a}{2})^2 \right]^{3/2}}$$

方向沿轴向右。

（2）当 $a = R$ 时

$$\left[\frac{\mathrm{d}B}{\mathrm{d}x} \right] = \frac{\mu_0 I R^2}{2} \left\{ -\frac{3}{2} \times \frac{2(x + \frac{R}{2})}{\left[R^2 + (x + \frac{R}{2})^2 \right]^{5/2}} - \frac{3}{2} \times \frac{2(x - \frac{R}{2})}{\left[R^2 + (x - \frac{R}{2})^2 \right]^{5/2}} \right\}$$

$$\left[\frac{\mathrm{d}^2 B}{\mathrm{d}x^2} \right] = \frac{3\mu_0 I R^2}{2} \left\{ \frac{4(x + \frac{R}{2})^2 - R^2}{\left[R^2 + (x + \frac{R}{2})^2 \right]^{7/2}} + \frac{4(x - \frac{R}{2})^2 - R^2}{\left[R^2 + (x - \frac{R}{2})^2 \right]^{7/2}} \right\}$$

因为在 $x = 0$ 处 $\dfrac{\mathrm{d}B}{\mathrm{d}x} = 0$，$\dfrac{\mathrm{d}^2 B}{\mathrm{d}x^2} = 0$；这表示当 $a = R$ 时，在 $x = 0$ 处，$B - x$ 曲线的斜率变化缓慢，即 B 在 $x = 0$ 附近是比较均匀的。

（陈曙　王勤）

第九章 电 磁 感 应

一、基本要求

1. 掌握法拉第电磁感应定律，理解动生电动势及感生电动势的本质，会求不同情况下的感应电动势。

2. 了解感生电场的概念，会求简单情况下的感生电场。

3. 能正确理解自感和互感现象，掌握磁场能量密度的公式，会求简单情况下的自感系数、互感系数和磁场的能量。

4. 了解位移电流的概念，了解麦克斯韦电磁场方程组。

二、要点精讲

1. **法拉第电磁感应定律** 通过闭合回路面积的磁通量发生变化时，回路中产生的感应电动势与磁通量对时间的变化率的负值成正比，即

$$\varepsilon_i = -\frac{\mathrm{d}\Phi}{\mathrm{d}t}$$

若回路由 N 匝线圈组成时

$$\varepsilon_i = -N\frac{\mathrm{d}\Phi}{\mathrm{d}t} = -\frac{\mathrm{d}(N\Phi)}{\mathrm{d}t}$$

2. **楞次定律** 闭合回路中感应电流的方向，总是使得感应电流本身所产生的通过回路面积的磁通量，去补偿（或说反抗）引起感应电流的磁通量的改变。

楞次定律还可以表述为：感应电流的后果总是反抗引起它的原因。

3. **动生电动势** 磁场不变，导体回路（或回路的一部分）在磁场中运动而产生的电动势，称为动生电动势。

（1）产生原因 这种电动势中非静电力为洛伦兹力。

（2）产生条件 导线切割磁感应线。

（3）动生电动势量值 等于单位时间内导线切割磁感应线数目，也可由下面公式计算。

① 一段电路 ab 的动生电动势 $\varepsilon_{ab} = \int_a^b (\boldsymbol{v} \times \boldsymbol{B}) \cdot \mathrm{d}\boldsymbol{l}$

② 闭合回路 L 产生的电动势 $\varepsilon_i = \oint_L (\boldsymbol{v} \times \boldsymbol{B}) \cdot \mathrm{d}\boldsymbol{l}$

（4）动生电动势方向 可根据导线中正电荷受洛伦兹力方向判断；也可由楞次定律判断。

4. 感生电动势　导线或线圈不动，仅由磁场变化引起的磁通量变化，从而产生的感应电动势称为感生电动势。

（1）产生原因　感生电动势中的非静电力由感生电场（也称涡旋电场）提供，其非静电性场强即为感生电场 E_i（或 $E_{涡}$）。

（2）产生条件　磁场发生变化，这时变化的磁场要在周围空间激发感生磁场。

（3）求法　感生电动势量值可由法拉第电磁感应定律求出，也可由下式计算。

①一段电路的感生电动势　　　$\varepsilon_{ab} = \int_a^b E_i \cdot dl$

②闭合回路的感生电动势　　　$\varepsilon_i = \oint_L E_i \cdot dl$

（4）感生电场与变化磁场的关系　感生电场 E_i 是由变化的磁场所激发的电场。由法拉第电磁感应定律可知它与变化的磁场关系为

$$\oint_L E_i \cdot dl = -\frac{d\Phi}{dt} = -\int_S \frac{dB}{dt} \cdot dS$$

由上式可求出简单情况下的 E_i。

5. 自感应　由于回路中电流发生变化，使得磁通量变化，而在回路自身中激起感应电动势的现象，称为自感现象。

（1）自感系数　　　　　$L = \frac{N\Phi}{I}$

（2）自感电动势　　　　$\varepsilon_L = -L\frac{dI}{dt}$

6. 互感应　两个载流回路中的电流发生变化时，相互在对方回路中激起感应电动势的现象，称为互感现象。

（1）互感系数　　　　　$M = \frac{N_2\Phi_{21}}{I_1} = \frac{N_1\Phi_{12}}{I_2}$

（2）互感电动势　　　　$\varepsilon_{12} = -M\frac{dI_2}{dt}, \ \varepsilon_{21} = -M\frac{dI_1}{dt}$

7. 磁场能量

（1）磁场能量密度　　　$w_m = \frac{dW_m}{dV} = \frac{B^2}{2\mu} = \frac{\mu}{2}H^2 = \frac{1}{2}BH$

（2）任意体积 V 的磁场能量　　　$W_m = \int_V w_m \cdot dV = \int_V \frac{1}{2} \cdot \frac{B^2}{\mu}dV$

（3）自感线圈中磁场能量　　　$W_m = W_L = \frac{1}{2}LI^2$

三、习题与解答

1. 一圆线圈有100匝，通过线圈面积上的磁通量 $\Phi = 8\times10^{-5}\sin100\pi t$（Wb），如图 9-1（1）所示。求 $t=0.01$s 时圆线圈内感应电动势的大小和方向。

解　因 $t=0.01$s 时，函数 $\sin100\pi t$ 是减小的，所以通过线圈面积上的磁通量 Φ 也减小。由楞次定律可知，此时圆线圈内感应电动势的方向应为顺时针方向，如图 9-1

（2）所示。

$$\varepsilon_i = -N\frac{\mathrm{d}\Phi}{\mathrm{d}t} = -0.8\pi\cos100\pi t$$

代入 $t = 0.01\mathrm{s}$，得

$$\varepsilon_i = 0.8\pi = 2.51\mathrm{V}$$

由于 $\varepsilon_i > 0$，ε_i 的方向与原磁场的正方向组成右手螺旋关系，即顺时针方向。

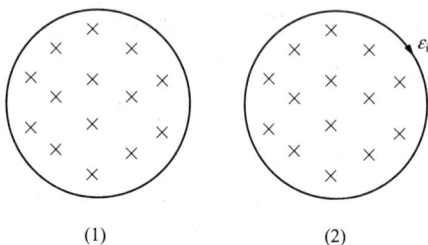

(1)   (2)

图 9 - 1

2. 如图 9 - 2 所示，一长直导线载有 $I = 5.0\mathrm{A}$ 的电流，旁边有一矩形线圈 $ABCD$ 与它在同一平面上，长边与长直导线平行，AD 边与导线相距 $d = 0.10\mathrm{m}$，矩形线圈长 $l_1 = 0.20\mathrm{m}$，宽 $l_2 = 0.10\mathrm{m}$，共有 100 匝。当线圈以 $v = 3.0\mathrm{m/s}$ 的速度垂直于长直导线向右运动时，求线圈中的感应电动势。

解 矩形线圈只有在长直载流导线平行的两边 AD、BC 切割磁感应线产生电动势。故

$$\varepsilon_i = N(\varepsilon_{DA} - \varepsilon_{BC}) = N(B_1 l_1 v - B_2 l_1 v)$$

式中，$B_1 = \dfrac{\mu_0 I}{2\pi d}$，$B_2 = \dfrac{\mu_0 I}{2\pi(d+l_2)}$，代入上式得

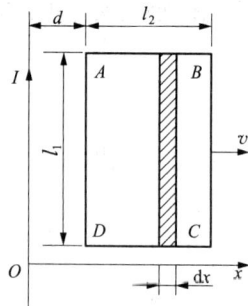

图 9 - 2

$$\varepsilon_i = \frac{N\mu_0 I}{2\pi}\left(\frac{1}{d} + \frac{1}{d+l_2}\right)l_1 v = \frac{N\mu_0 I l_1 l_2}{2\pi d(d+l_2)}v$$

$$= \frac{100\times4\pi\times10^{-7}\times5.0\times0.20\times0.10\times3.0}{2\pi\times0.10\times(0.10+0.10)}$$

$$= 3.0\times10^{-4}\mathrm{V}$$

根据楞次定律，感应电动势 ε_i 为顺时针方向。

3. 如果上题中的线圈保持不动，长直导线通以交变电流 $I = 10\sin(100\pi t)\mathrm{A}$，$t$ 的单位为秒（s），求线圈中的感应电动势。

解 建立 Ox 坐标轴如图 9 - 3 所示，通过 x 处的窄条面积元的磁通量为

$$\mathrm{d}\Phi = B\mathrm{d}S = \frac{\mu_0 I}{2\pi x}l_1\mathrm{d}x$$

通过每匝线圈的磁通量为

$$\Phi = \int\mathrm{d}\Phi = \int_d^{d+l_2}\frac{\mu_0 I l_1}{2\pi x}\mathrm{d}x = \frac{\mu_0 I l_1}{2\pi}\ln\frac{d+l_2}{d}$$

线圈的感应电动势为

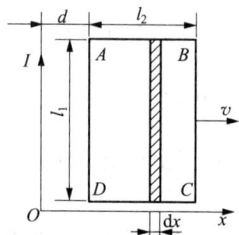

图 9 - 3

$$\varepsilon_i = -N\frac{\mathrm{d}\Phi}{\mathrm{d}t} = -N\frac{\mu_0 l_1}{2\pi}\ln\frac{d+l_2}{d}\cdot\frac{\mathrm{d}I}{\mathrm{d}t}$$

$$= -\frac{\mu_0 l_1 N}{2\pi}\ln\left(\frac{d+l_2}{d}\right)\times10\times100\pi\cos(100\pi t)$$

$$= -\frac{4\pi\times10^{-7}\times0.20\times100}{2\pi}\ln\frac{0.10+0.10}{0.10}\times10\times100\pi\cos(100\pi t)$$

$$= -4\pi\times10^{-3}\times\ln2\times\cos(100\pi t) = -8.7\times10^{-3}\cos(100\pi t)\mathrm{V}$$

4. 一横截面半径为 a，单位长度上密绕了 n 匝线圈的长直螺线管，通以电流 $I = I_0 \cos\omega t$（I_0 和 ω 为常量）。现将一半径为 b，电阻为 R 的单匝圆形线圈套在螺线管上，如图 9-4 所示。求圆线圈中的感应电动势和感应电流。

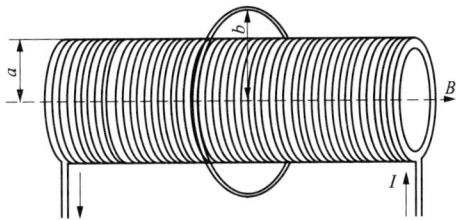

图 9-4

解 由 $\Phi = \int_S \boldsymbol{B} \cdot \mathrm{d}\boldsymbol{S}$

$$\Phi = \mu_0 n I \cdot \pi a^2$$

$$\varepsilon_i = -N \frac{\mathrm{d}\Phi}{\mathrm{d}t} = \mu_0 n \pi a^2 I_0 \omega \sin\omega t$$

$$I_i = \frac{\varepsilon_i}{R} = \frac{1}{R} \mu_0 n \pi a^2 I_0 \omega \sin\omega t$$

（请思考：如果 $b < a$，结果怎样？）

5. 一边长分别为 a、b，匝数为 N 的矩形线圈，以角速度 ω 在匀强磁场 $\boldsymbol{B}$ 中匀速转动，转轴在线圈平面内且与 $\boldsymbol{B}$ 垂直。$t = 0$ 时，线圈处于图 9-5 中位置。求线圈中的感应电动势。

解 应当注意，对匀速转动的线圈，有

$$\Phi = \int_S \boldsymbol{B} \cdot \mathrm{d}\boldsymbol{S} = BS\cos\theta = BS\cos(\omega t + \theta_0)$$

式中，θ_0 为 $t = 0$ 时磁场 $\boldsymbol{B}$ 与线圈法线方向之间的夹角。则

$$\Phi = Bab\cos\left(\omega t + \frac{\pi}{2}\right)$$

$$\varepsilon_i = -N \frac{\mathrm{d}\Phi}{\mathrm{d}t} = Bab\omega\sin\left(\omega t + \frac{\pi}{2}\right)$$

$$= Bab\omega\cos\omega t$$

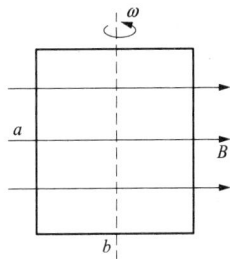

图 9-5

6. 放置在均匀磁场中的长度为 0.2m 的铜棒，以每秒 5.0 圈的转速绕通过中心 O 的转轴旋转。磁感应强度 $B = 1.0 \times 10^{-2}$ T，磁场方向与转轴平行，如图 9-6 所示。求棒的一端 A 和中心 O 之间的动生电动势和铜棒两端 A、B 之间的动生电动势。

解 铜棒做切割磁感应线的运动，以中心 O 为原点以指向 A 端为正方向作 Ox 轴。把铜棒分成无限多个小段，则长度为 $\mathrm{d}x$ 的每一小段产生的动生电动势为

$$\mathrm{d}\varepsilon_i = Bv\mathrm{d}x = B\omega x\mathrm{d}x = 2\pi nBx\mathrm{d}x$$

AO 段的动生电动势

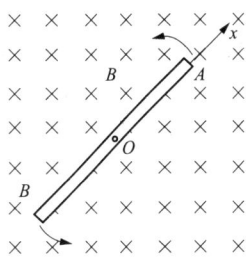

图 9-6

$$\varepsilon_{OA} = \int\mathrm{d}\varepsilon_i = \int_0^{0.1} 2\pi nBx\mathrm{d}x$$

$$= 2\pi \times 50 \times 1.0 \times 0.10^{-2} \times \frac{0.10^2}{2} = 1.6 \times 10^{-3}\text{V}$$

方向：$U_O > U_A$，同理可算出

$$\varepsilon_{OB} = \varepsilon_{OA} = 1.6 \times 10^{-3} \text{V}$$

方向：$U_O > U_B$，故 $\varepsilon_{AB} = 0$。

7. 如图 9-7（1）所示，长度为 L 的金属棒 OP 处于均匀磁场中，并绕 OO' 以角速度 ω 旋转，棒与转轴之间的夹角为 θ，磁感应强度 B 与转轴平行，求棒 OP 的动生电动势。

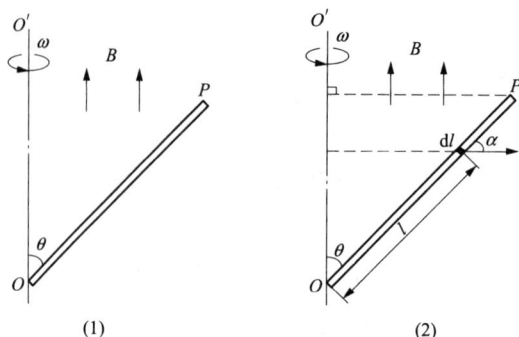

图 9-7

解 如图 9-7（2）所示，首先取微元 $\mathrm{d}l$，则微元 $\mathrm{d}l$ 中产生的动生电动势为 $\varepsilon_i = (\boldsymbol{v} \times \boldsymbol{B}) \cdot \mathrm{d}l$，故棒 OP 的动生电动势为

$$\begin{aligned}
\varepsilon_{OP} &= \int_{OP} (\boldsymbol{v} \times \boldsymbol{B}) \cdot \mathrm{d}l \\
&= \int_{L} vB\sin 90° \cos\alpha \mathrm{d}l \\
&= \int_{L} (\omega l \sin\theta) B\cos(90° - \theta) \mathrm{d}l \\
&= \omega B\sin^2\theta \int_0^L l\mathrm{d}l = \frac{1}{2}\omega B(L\sin\theta)^2
\end{aligned}$$

由 $\boldsymbol{v} \times \boldsymbol{B}$ 方向可知，P 点电势比 O 点高。

8. 一半径为 R 的圆柱形空间区域内存在着由无限长通电螺线管产生的均匀磁场，磁场方向垂直纸面向里，如图 9-8（1）所示。当磁感应强度以 $\mathrm{d}B/\mathrm{d}t$ 的变化率均匀减小时，求圆柱形空间区域内、外各点的感生电场。

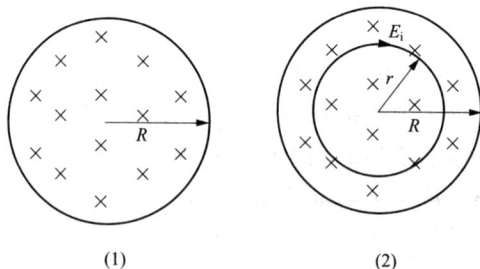

图 9-8

解 由于磁场关于圆心对称，故感生电场关于圆心对称。感生电场 E_i 的电力线是围绕磁力线的圆周曲线，且圆周上各点 E_i 的大小相等。

当 $r < R$ 时，由题意，磁感应强度以 $\mathrm{d}B/\mathrm{d}t$ 的变化率均匀减小，所以由楞次定律判

定，感生电场的方向为顺时针，如图 9 - 8（2）所示。

$$\oint_L E_i \cdot \mathrm{d}l = -\frac{\mathrm{d}\Phi}{\mathrm{d}t}$$

$$E_i \cdot 2\pi r = -\frac{\mathrm{d}\Phi}{\mathrm{d}t} = -\frac{\mathrm{d}(B \cdot \pi r^2)}{\mathrm{d}t}$$

所以

$$E_i = \frac{r}{2} \cdot \frac{\mathrm{d}B}{\mathrm{d}t}$$

当 $r > R$ 时，

$$E_i \cdot 2\pi R = -\frac{\mathrm{d}(B \cdot \pi R^2)}{\mathrm{d}t}$$

$$E_i = -\frac{R^2}{2r} \cdot \frac{\mathrm{d}B}{\mathrm{d}t}$$

感生电场的方向亦为顺时针。

9. 面积为 S 的平面单匝线圈，以角速度 ω 在磁场 $\boldsymbol{B} = B_0\sin\omega t\boldsymbol{k}$（$B_0$ 和 ω 为常量）中做匀速转动，如图 9 - 9 所示。转轴在线圈平面内且与 $\boldsymbol{B}$ 垂直，$t = 0$ 时线圈的法线与 $\boldsymbol{k}$ 同向，求线圈中的感应电动势。

解 首先要明确的是，本题中的磁场仍为匀强磁场。因此，对转动的线圈

$$\Phi = \int_S \boldsymbol{B} \cdot \mathrm{d}\boldsymbol{S} = BS\cos(\omega t + \theta_0)$$

$$= B_0\sin\omega t \cdot S\cos\omega t$$

$$\varepsilon_i = -\frac{\mathrm{d}\Phi}{\mathrm{d}t} = -B_0 S\omega\cos2\omega t$$

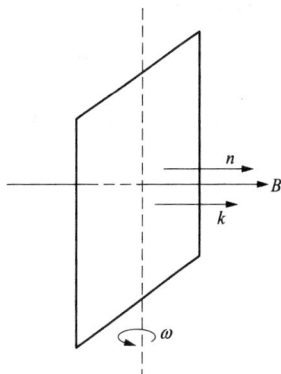

图 9 - 9

10. 一长直电流 I 与直导线 AB（$AB = l$）共面，如图 9 - 10（1）所示。AB 以速度 v 沿垂直于长直电流 I 的方向向右运动，求图示位置时导线 AB 中的动生电动势。

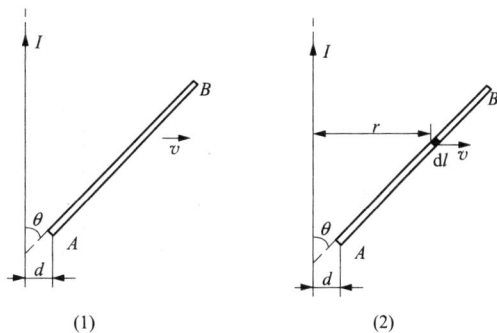

图 9 - 10

解 首先取微元 $\mathrm{d}\boldsymbol{l}$，如图 9 - 10（2）所示，则导线 AB 中的动生电动势为

$$\varepsilon_{AB} = \int_{AB} v\boldsymbol{B}\mathrm{d}l\sin(v,\overset{\frown}{\boldsymbol{B}})\cos(v\times\boldsymbol{B},\overset{\frown}{\mathrm{d}l}) = \int_{AB} v\frac{\mu_0 I}{2\pi r}\mathrm{d}l\cos\theta \qquad (\,dl\sin\theta = \mathrm{d}r\,)$$

$$= \int_d^{d+l\sin\theta} \frac{\mu_0 Iv}{2\pi} \cdot \cot\theta \cdot \frac{\mathrm{d}r}{r}$$

$$= \frac{\mu_0 Iv}{2\pi}\cot\theta \cdot \ln\frac{d + l\sin\theta}{d}$$

由于 $\varepsilon_{AB} > 0$，所以 ε_{AB} 的方向由 A 指向 B，B 点电势高。

11. 用一根硬导线弯成半径为 $r = 0.10\text{m}$ 的一个半圆，使这根半圆形导线在磁感应强度为 $B = 0.50\text{T}$ 的均匀磁场中以频率 $f = 50\text{Hz}$ 旋转，如图 $9-11$ 所示，回路的总电阻 $R = 1000\Omega$。试求感应电流的表达式和最大值。

解 半圆形线圈的面积为 $\qquad S = \frac{\pi r^2}{2}$

线圈转动角速度 $\qquad \omega = 2\pi f$

当线圈平面法线与磁场的夹角时 $\theta = \omega t$，通过半圆内的磁通量为

图 $9-11$

$$\Phi = BS\cos\omega t = B \cdot \frac{\pi r^2}{2} \cdot \cos\omega t$$

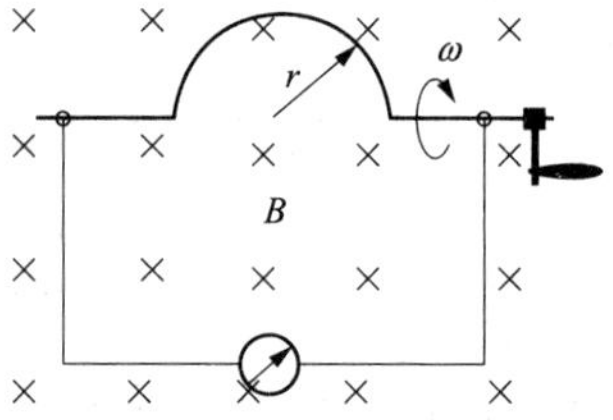

根据法拉第电磁感应定律

$$\begin{aligned}
\varepsilon_i &= -\frac{d\Phi}{dt} = \pi^2 r^2 f B\sin(2\pi ft) \\
&= 3.14^2 \times 0.10^2 \times 50 \times 0.50\sin(2\pi \times 50t) \\
&= 2.5\sin(100\pi t)\text{ V}
\end{aligned}$$

感应电流 $\qquad i = \frac{\varepsilon_i}{R} = \frac{2.5}{1000}\sin(100\pi t) - 2.5 \times 10^{-3}\sin(100\pi t)\text{ A}$

电流最大值 $\qquad\qquad I = 2.5 \times 10^{-3}\text{A}$

12. 属于同一回路的两根平行长直导线，横截面的半径都是 a，两导线中心相距为 d，如图 $9-12$（1）所示，设两导线内部的磁通量都可略去不计，求这对导线长度为 l 的一段导线的自感系数。

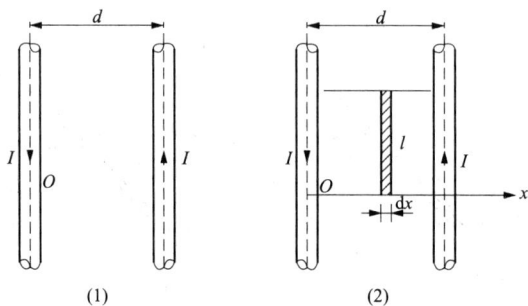

图 $9-12$

解 设电流和坐标的方向如图 $9-12$（2）所示，离坐标原点 O 为 x 处的磁感应强度为

$$B = \frac{\mu_0 I}{2\pi x} + \frac{\mu_0 I}{2\pi(d-x)}$$

通过两导线所在平面的一个面积元（阴影部分）的磁通量为

$$\mathrm{d}\Phi = Bl\mathrm{d}x = \frac{\mu_0 I}{2\pi}\left(\frac{1}{x} + \frac{1}{d-x}\right)l\mathrm{d}x$$

通过长度为 l 的面积的磁通量为

$$\Phi = \int\mathrm{d}\Phi = \frac{\mu_0 Il}{2\pi}\int_a^{d-a}\left(\frac{1}{x} + \frac{1}{d-x}\right)l\mathrm{d}x$$

$$=\frac{\mu_0 Il}{2\pi}\ln\frac{d-a}{a}$$

故长度为 l 的一段导线的自感系数为

$$L = \frac{\Phi}{I} = \frac{\mu_0 l}{\pi}\ln\frac{d-a}{a}$$

13. 一个截面为长方形，共有 N 匝的空心环形螺线管，尺寸如图 9-13（1）所示，求证螺线管的自感系数为

$$L = \frac{\mu_0 N^2 h}{2\pi}\ln\frac{b}{a}$$

解　设通电流为 I，以环的中心为圆心，$r(a<r<b)$ 为半径的圆周作为积分回路［如图 9-13（2）所示］。由安培环路定律得

$$\oint_L \boldsymbol{B}\cdot\mathrm{d}\boldsymbol{l} = B\cdot 2\pi r = \mu_0 NI$$

$$B = \frac{\mu_0 NI}{2\pi r}$$

通过环内任一截面的磁通量

$$\Phi = \int_S \boldsymbol{B}\cdot\mathrm{d}\boldsymbol{S}$$

$$= \int_a^b \frac{\mu_0 NI}{2\pi r}h\mathrm{d}r = \frac{\mu_0 NIh}{2\pi}\ln\frac{b}{a}$$

螺线管的自感系数

$$L = \frac{N\Phi}{I} = \frac{\mu_0 N^2 h}{2\pi}\ln\frac{b}{a}$$

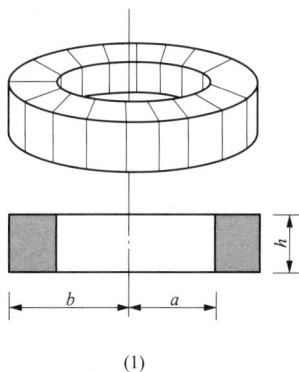

（1）

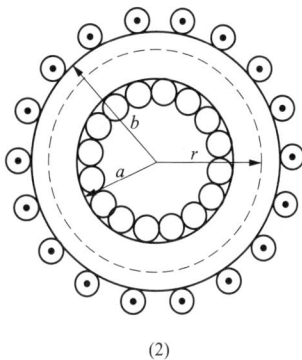

（2）

图 9-13

14. 在真空中，若一个均匀电场的电场能量密度与一个 0.50T 的均匀磁场的磁场能量密度相等，该电场的电场强度为多少？

解　因为　　$w_e = \frac{1}{2}\varepsilon_0 E^2$，$w_m = \frac{B^2}{2\mu_0}$

当 $w_e = w_m$ 时，有

$$\frac{1}{2}\varepsilon_0 E^2 = \frac{B^2}{2\mu_0}$$

故　$E = \frac{B}{\sqrt{\varepsilon_0\mu_0}} = \frac{0.50}{\sqrt{8.85\times10^{-12}\times4\times3.14\times10^{-7}}} = 1.5\times10^8\ \mathrm{V/m}$

四、补充练习题

1. 一导线弯成角形（$\angle bcd = 60°$，$bc = cd = a$），在匀强磁场 **B** 中绕 OO' 轴转动，转速每分钟 n 转。$t = 0$ 时，导线处于图 $9-14$（1）中所示位置，求导线 bcd 中的感应电动势。

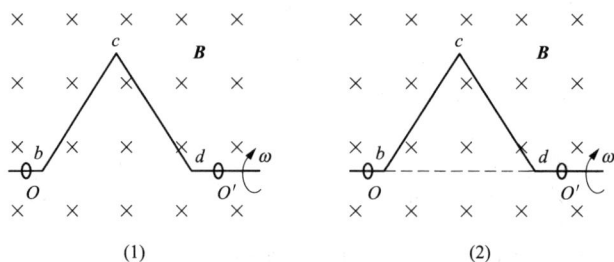

(1)　　　　　　　　　　　(2)

图 $9-14$

解　连接 bd 组成一个三角形回路 bcd，如图 $9-14$（2）所示。由于 bd 段不产生电动势，所以回路（$\triangle bcd$）中的电动势就是导线 bcd 中的电动势。即

$$\varPhi = \int_S \boldsymbol{B} \cdot \mathrm{d}\boldsymbol{S} = BS\cos\left(\omega t + \theta_0\right) = B \cdot \frac{1}{2} \cdot \frac{\sqrt{3}}{2}a \cdot a \cdot \cos\omega t$$

又

$$\omega = \frac{n \cdot 2\pi}{60} = \frac{\pi n}{30}$$

得

$$\varepsilon_i = -\frac{\mathrm{d}\varPhi}{\mathrm{d}t} = \frac{1}{120}\sqrt{3}\,\pi n a^2 B \sin\left(\frac{\pi n}{30}t\right)$$

2. 一半径为 R 的圆柱形空间区域内存在着均匀磁场，磁场方向垂直纸面向里，如图 $9-15$（1）所示，磁感应强度以 $\mathrm{d}B/\mathrm{d}t$ 的变化率均匀增加。一细棒长 $AB = 2R$，其中点与圆柱形空间相切，求细棒 AB 中的感生电动势，并指出哪点电势高。

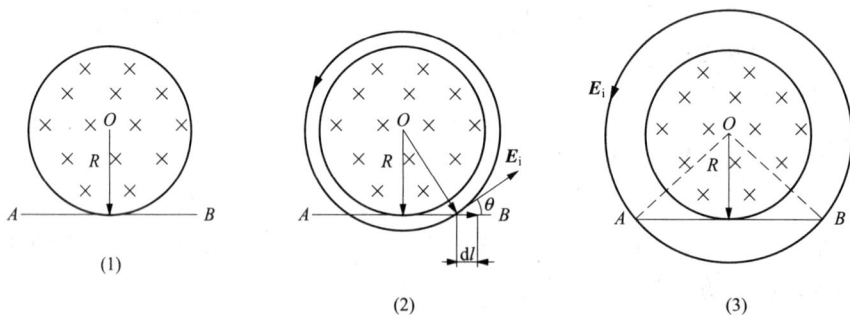

(1)　　　　　　　　　　(2)　　　　　　　　　　(3)

图 $9-15$

解　由楞次定律可知，感生电场的方向为逆时针。取微元 $\mathrm{d}\boldsymbol{l}$，如图 $9-15$（2）所示。则微元 $\mathrm{d}\boldsymbol{l}$ 的感生电动势为

$$E_i = -\frac{R^2}{2r} \cdot \frac{\mathrm{d}B}{\mathrm{d}t} \quad (r > R)$$

细棒 AB 中的感生电动势

$$\varepsilon_i = \int_A^B \boldsymbol{E}_i \cdot \mathrm{d}\boldsymbol{l} = \int_A^B E_i \mathrm{d}l\cos\theta$$

连接 OA、OB 组成回路，如图 9 – 15（3）所示。由题意，$\mathrm{d}B/\mathrm{d}t$ 的变化率均匀为正。有

$$\varepsilon_{OA} = \int_O^A E_i \mathrm{d}l\cos\theta$$

由于 OA 和 OB 不产生电动势，故回路电动势就是导线 AB 中的电动势，由

$$\Phi = B \cdot \frac{1}{4}\pi R^2$$

得

$$\varepsilon_i = -\frac{\mathrm{d}\Phi}{\mathrm{d}t} = -\frac{\pi R^2}{4} \cdot \frac{\mathrm{d}B}{\mathrm{d}t}$$

由楞次定律知，回路电动势方向为逆时针，因此导线 AB 中的感生电动势由 A 指向 B。B 点电势高。

3. 在半径为 R 的圆筒内，有方向与轴线平行的均匀磁场 $\boldsymbol{B}$，以 1.0×10^{-2}T/s 的速率减小，A、B、C 各点离轴线的距离均为 $r = 5.0$cm，如图 9 – 16 所示。

试求电子在 A、B、C 各点和轴线 O 上的加速度的大小和方向。

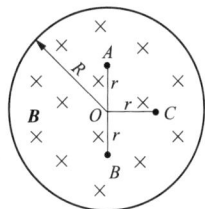

图 9 – 16

解 以 O 为圆心，r 为半径取积分环路，通过该环路所包围面积的磁通量为

$$\Phi = B\pi r^2$$

根据感生电场公式有

$$\oint_L \boldsymbol{E}_i \cdot \mathrm{d}\boldsymbol{l} = -\frac{\mathrm{d}\Phi}{\mathrm{d}t} = -(\pi r^2)\frac{\mathrm{d}B}{\mathrm{d}t}$$

回路上各点 $\boldsymbol{E}_i$ 大小相等，都沿切线方向，所以由上式得

$$E_i \cdot 2\pi r = -(\pi r^2)\frac{\mathrm{d}B}{\mathrm{d}t}$$

$$E_i = -\frac{r}{2} \cdot \frac{\mathrm{d}B}{\mathrm{d}t} = -\frac{0.050}{2} \times (-1.0 \times 10^{-2}) = 2.5 \times 10^{-4}\text{V/m}$$

感生电场方向：A 点向右，B 点向左，C 点向下。

电子在感生电场中 A、B、C 三点加速度的大小相同

$$a = \frac{F}{m} = \frac{eE_i}{m} = \frac{1.6 \times 10^{-19} \times 2.5 \times 10^{-4}}{9.1 \times 10^{-31}} = 4.4 \times 10^7\text{m/s}^2$$

方向都沿该点圆周的切线方向，与 $\boldsymbol{E}_i$ 反向，即 A 点向左，B 点向右，C 点向上。

电子在轴线上的加速度 $\boldsymbol{a} = 0$。

4. 一圆形线圈 C_1 的横截面积 $S_1 = 4.0\text{cm}^2$，匝数 $N_1 = 50$ 匝，被放在另一个半径 $R = 20$cm 的圆形线圈 C_2 的中心，两线圈同轴，如图 9 – 17 所示，C_2 的匝数 $N_2 = 100$ 匝。（1）求两线圈的互感 M；（2）当大线圈 C_2 中的电流以 50A/s 的变化率减小时，求小线圈 C_1 中的感应电动势。

解 （1）小线圈的半径

$$r = \sqrt{\frac{S_1}{\pi}} = \sqrt{\frac{4.0}{\pi}} = 1.1 \, \text{cm}$$

可见 $r \ll R$，所以近似地可以认为载流大线圈 C_2 在小线圈 C_1 处产生的磁场 $\boldsymbol{B}_2$ 是均匀的。圆心 O 处的磁感应强度

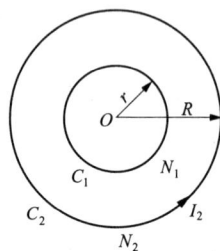

图 9-17

$$B_2 = \frac{\mu_2 N_2 I_2}{2R}$$

通过 C_1 的磁链 $\qquad N_1 \varPhi_{12} = N_1 B_2 S_1 = \frac{\mu_0 N_1 N_2 I_2 S_1}{2R}$

两线圈互感系数为

$$M = \frac{N_1 \varPhi_{12}}{I_2} = \frac{\mu_0 N_1 N_2 S_1}{2R}$$

$$= \frac{4\pi \times 10^{-7} \times 50 \times 100 \times 4.0 \times 10^{-4}}{2 \times 20 \times 10^{-2}}$$

$$= 6.28 \times 10^{-6} \, \text{H}$$

（2）当大线圈 C_2 的电流以 $\dfrac{\mathrm{d}I_2}{\mathrm{d}t} = -50 \, \text{A/s}$ 变化时，在小线圈 C_1 中感应电动势为

$$\varepsilon_{12} = -M \frac{\mathrm{d}I_2}{\mathrm{d}t} = -6.28 \times 10^{-6} \times (-50) = 3.14 \times 10^{-4} \, \text{V}$$

（赵喆）

第十章 光 的 干 涉

一、基本要求

1. 明确相干光的获得方法，掌握光程、光程差的概念，掌握杨氏双缝干涉公式。

2. 掌握薄膜干涉的光程差公式，会判断有无因半波损失产生附加光程差的情况，在此基础上，掌握增透膜、高反射膜、劈形膜、牛顿环的干涉原理、特点及公式。

3. 了解迈克尔逊干涉仪的原理及应用。

二、要点精讲

（一）光的干涉现象

1. 光的相干条件

（1）光矢量振动方向相同；

（2）频率相同；

（3）相位差恒定。

2. 获得相干光的方法 使同一光源的一点发出的一束光分成两束，经不同路径再相遇。具体方法有分波阵面法和分振幅法。

（二）光程和光程差

1. 光程 光波在某种介质中经过的几何路程与这种介质的折射率 n 的乘积称为通过这种介质的光程，即

$$l = nx$$

2. 光程差 通过不同路径的两束光的光程之差称为它们的光程差。

$$\delta = l_1 - l_2$$

3. 光程差与相位差的关系 $\Delta\varphi = \dfrac{2\pi}{\lambda}\delta$

式中，λ 为该单色光在真空中的波长。

4. 薄透镜成像的等光程原理 物像间各光线等光程或者说薄透镜可改变光波的传播情况，但对各光线不产生附加光程差。

（三）两相干光加强和减弱的条件

相位差 $\Delta\varphi = \begin{cases} \pm 2k\pi & (k = 0,1,2,\cdots) \quad \text{加强} \\ \pm(2k+1)\pi & (k = 0,1,2,\cdots) \quad \text{减弱} \end{cases}$

光程差 $\delta = \begin{cases} \pm k\lambda & (k = 0,1,2,\cdots) \quad \text{加强} \\ \pm(2k+1)\dfrac{\lambda}{2} & (k = 0,1,2,\cdots) \quad \text{减弱} \end{cases}$

（四）杨氏双缝干涉

1. 由双缝至屏上 P 点两光的光程差　　　$\delta = r_2 - r_1 = \dfrac{d}{D}x$

2. 明纹位置　　　$x = \pm k\dfrac{D\lambda}{d}$ 　　$(k = 0,1,2,\cdots)$

3. 暗纹位置　　　$x = \pm(2k+1)\dfrac{D}{d}\cdot\dfrac{\lambda}{2}$ 　　$(k = 0,1,2,\cdots)$

4. 条纹间距　　　　　　　$\Delta x = \dfrac{D}{d}\lambda$

5. 条纹特点　条纹是以 O 为中心，上下对称，明暗相间，等间距的直条纹。

（五）薄膜干涉

1. 薄膜反射光相干的明暗纹条件　入射光在薄膜上表面反射与折射后由下表面反射的光形成两相干光。其干涉的加强和减弱完全取决于两光的光程差和有无因半波损失而引起的附加光程差 $\dfrac{\lambda}{2}$。

（1）有无附加光程差条件　当光在薄膜的一个表面有半波损失时（n_2 比 n_1，n_3 都大或都小时），应考虑引起的附加光程差 $\dfrac{\lambda}{2}$。

（2）有附加光程差时，明暗纹条件为

$$\delta = 2n_2 e\cos r + \dfrac{\lambda}{2} - \begin{cases} \pm k\lambda & (k = 1,2,\cdots) \quad \text{明纹} \\ \pm(2k+1)\dfrac{\lambda}{2} & (k = 0,1,2,\cdots) \quad \text{暗纹} \end{cases}$$

若光线垂直入射时，上式中 $\cos r = 1$，$\sin i = 0$，$\delta = 2en_2 + \left(\dfrac{\lambda}{2}\right)$。

（3）无附加光程差时，明暗纹条件为

$$\delta = 2n_2 e\cos r = \begin{cases} \pm k\lambda & (k = 0,1,2,\cdots) \quad \text{明纹} \\ \pm(2k+1)\dfrac{\lambda}{2} & (k = 0,1,2,\cdots) \quad \text{暗纹} \end{cases}$$

若光线垂直入射时，上式中 $\cos r = 1$，$\sin i = 0$，$\delta = 2en_2$。

2. 薄膜透射光相干的明暗纹条件　薄膜直接透射光和经下表面、上表面两次反射再透射出的两相干光的光程差与两反射光的光程差区别为有无附加光程差，即反射相干有附加光程差，则透射相干时就没有附加光程差；反射相干时无附加光程差，则透射相干时就有附加光程差。所以只需记住上面反射相干光的光程差就可以得到透射相干的光程差。

3. 薄膜干涉的应用

（1）增透膜　反射光因干涉减弱，从而增加了光的透射，这种薄膜称为增透膜。

如果我们选择透明胶薄膜的折射率介于空气和光学元件之间，光线垂直入射或接近垂直入射时，经薄膜上下表面反射的光干涉相消时应满足关系

$$2n_2 e = (2k+1)\dfrac{\lambda}{2} \qquad (k = 0,1,2,\cdots)$$

于是在膜层的光学厚度为 $e = \dfrac{\lambda}{4n_2}$，$\dfrac{3\lambda}{4n_2}$，$\cdots$时，干涉的结果为暗场，这就使光学元件因反射而造成的光能损失大为减少。

（2）高反射膜 反射光因干涉而增强，反射率大大增加，即透射率相应减小，这种薄膜称为高反射膜。两反射光干涉加强时应满足关系

$$2en_2 = k\lambda \qquad (k = 1, 2, \cdots)$$

（3）劈形膜 薄膜为劈形，当光线垂直入射时，光程差决定于厚度 e，形成平行于棱边的等厚干涉条纹。

①有附加光程差时（$n_1 > n_2 < n_3$ 或 $n_1 < n_2 > n_3$），劈形膜干涉的明暗纹位置

明纹厚度
$$e_k = \frac{1}{2n_2}\left(k - \frac{1}{2}\right)\lambda \qquad (k = 1, 2, \cdots)$$

暗纹厚度
$$e_k = \frac{1}{2n_2}k\lambda \qquad (k = 0, 1, 2, \cdots)$$

②无附加光程差时（$n_1 > n_2 > n_3$ 或 $n_1 < n_2 < n_3$），劈形膜干涉的明暗纹位置

明纹厚度
$$e_k = \frac{1}{2n_2}k\lambda \qquad (k = 0, 1, 2, \cdots)$$

暗纹厚度
$$e_k = \frac{1}{2n_2}\left(k + \frac{1}{2}\right)\lambda \qquad (k = 0, 1, 2, \cdots)$$

③条纹间距
$$l = \frac{\lambda}{2n_2\sin\theta} \approx \frac{\lambda}{2n_2 \cdot \theta}$$

（4）牛顿环 当光线垂直入射时形成的等厚干涉条纹为以接触点 O 为中心的同心圆形环。

①有附加光程差时，明暗环位置

明环半径
$$r_k = \sqrt{\frac{\left(k - \frac{1}{2}\right)R\lambda}{n_2}} \qquad (k = 1, 2, \cdots)$$

暗环半径
$$r_k = \sqrt{\frac{kR\lambda}{n_2}} \qquad (k = 0, 1, 2, \cdots)$$

②无附加光程差时，明暗环位置

明环半径
$$r_k = \sqrt{\frac{kR\lambda}{n_2}} \qquad (k = 0, 1, 2, \cdots)$$

暗环半径
$$r_k = \sqrt{\frac{\left(k + \frac{1}{2}\right)R\lambda}{n_2}} \qquad (k = 0, 1, 2, \cdots)$$

③不同级次半径间关系
$$r_m^2 - r_n^2 = \frac{R\lambda}{n_2}(m - n)$$

（5）迈克尔逊干涉仪

①原理 利用分振幅法使两个相互垂直的平面镜形成一等效的空气薄膜，其实质仍为薄膜干涉。

②干涉条纹移动的条数 Δn 与平面镜移动距离 Δe 的关系为

$$\Delta e = \frac{\lambda}{2}\Delta n$$

三、习题与解答

1. 由汞弧灯发出的光，通过一绿色滤光片后，照射到相距为 0.60mm 的双缝上，

在距双缝 2.5m 远处的屏上出现干涉条纹。现测得相邻两明条纹中心的距离为 2.27mm，求入射光的波长。

解 由条纹间距 $\Delta x = \dfrac{D\lambda}{2a}$ 得 $\lambda = \dfrac{2a}{D}\Delta x = 544.8$nm

2. 在双缝装置中，用一很薄的云母片（$n = 1.58$）覆盖其中的一条狭缝，这时屏幕上的第七级明纹恰好移到屏幕中央原零级明条纹的位置。如果入射光的波长为 550nm，则这云母片的厚度应为多少？

解 设云母片厚度为 e，不加片时光程差为 $\delta_1 = r_2 - r_1 = k_1\lambda$

加片云母片后光程差为 $\delta_2 = [ne + (r_2 - e)] - r_1 = (n-1)e + (r_2 - r_1) = k_2\lambda$

故由于加云母片后引起光程差的变化为

$$\Delta\delta = \delta_2 - \delta_1 = (n-1)e = (k_2 - k_1)\lambda$$

解得

$$e = \frac{(k_2 - k_1)\lambda}{n-1} = \frac{7\lambda}{n-1} = 6.6 \times 10^{-6} \text{m}$$

3. 一平面单色光波垂直照射在厚度均匀的薄油膜上，油膜覆盖在玻璃板上。油的折射率为 1.30，玻璃折射率为 1.50，若单色光的波长可由光源连续可调，可观察到 500nm 与 700nm 这两个波长的单色光在反射时消失，试求油膜层的厚度。

解 因为 $n_1 < n_2 < n_3$，故薄膜上下表面反射时无附加光程差。

所以 $\delta = 2n_2e = (2k+1)\dfrac{\lambda}{2}$ （$k = 0, 1, 2, \cdots$）

$\lambda_1 = 500$nm, $2n_2e = (2k_1 + 1)\dfrac{\lambda_1}{2}$ （1）

$\lambda_2 = 700$nm, $2n_2e = (2k_1 + 1)\dfrac{\lambda_2}{2}$ （2）

因为 $\lambda_1 < \lambda_2$，所以 $k_2 < k_1$。

k_1、k_2 应为连续整数，所以 $k_2 = k_1 - 1$。 （3）

由（1）（2）得 $\left(k_1 + \dfrac{1}{2}\right)\lambda_1 = \left(k_2 + \dfrac{1}{2}\right)\lambda_2$ （4）

由（3）（4）得 $k_1 = 3$，$k_2 = 2$ （5）

（5）代入（1）得 $e = \dfrac{\left(k_1 + \dfrac{1}{2}\right)\lambda}{2n_2} = \dfrac{\left(3 + \dfrac{1}{2}\right) \times 500}{2 \times 1.3} = 673.1$nm

4. 白光垂直照射到空气中一厚度为 380nm 的肥皂膜上，设肥皂膜的折射率为 1.33，试问该膜正面呈现什么颜色？背面呈现什么颜色？

解 （1）正面为反射光加强，并且有因半波损失引起的附加光程差，所以

$$\delta = 2ne + \frac{\lambda}{2} = k\lambda, \quad \lambda = \frac{4ne}{2k-1} \quad (k = 1,2,\cdots)$$

$k = 1$, $\lambda_1 = 2021.6$nm （非可见光，舍）

$k = 2$, $\lambda_2 = 673.9$nm （红光）

$k = 3$, $\lambda_3 = 404.3$nm （紫光）

因此膜正面为紫红光。

（2）背面为透射光加强即反射光减弱。

$$\delta = 2ne + \frac{\lambda}{2} = (2k + 1)\frac{\lambda}{2} \qquad (k = 0, 1, 2, \cdots)$$

$k = 1$, $\qquad \lambda_1 = 1010.8\text{nm}$ （非可见光，舍）

$k = 2$, $\qquad \lambda_2 = 505.4\text{nm}$ 所以膜背面呈现蓝绿颜色

$k = 3$, $\qquad \lambda_3 = 336.9\text{nm}$ （非可见光，舍）

因此膜背面呈现蓝绿颜色。

5. 空气中有一层折射率为 1.33 的薄油膜，当我们的观察方向与膜面的法线方向成 30°角时，可看到油膜反射的光呈波长为 500nm 的绿色光。（1）试问油膜的最薄厚度为多少？（2）如果从膜面的法线方向观察，则反射光的颜色如何？

解　（1）因为 $n_1 = 1$，$n_2 = 1.33$，$n_3 = 1$，所以需考虑因半波损失而产生的附加光程差，有

$$\delta = 2e\sqrt{n_2^2 - n_1^2\sin^2 i} + \frac{\lambda}{2} = k\lambda,\text{得} \qquad e = \frac{\left(k - \frac{1}{2}\right)\lambda}{2\sqrt{n_2^2 - \sin^2 i}}$$

$$k = 1, e_{\min} = \frac{\left(1 - \frac{1}{2}\right) \times 500}{2\sqrt{1.33^2 - \sin^2 30°}} = 101.4\text{nm}$$

（2）法线方向 $i = 0°$，有

$$2e_{\min}n_2 + \frac{\lambda}{2} = k\lambda \qquad (k = 1, 2, \cdots)$$

取 $k = 1$，$\lambda = 4n_2 e_{\min} = 4 \times 1.33 \times 101.4 = 539.4\text{nm}$

k 取其他值时为非可见光，所以反射光的颜色为绿颜色。

6. 在棱镜（折射率为 1.52）表面涂一层增透膜（折射率 $n_2 = 1.30$），为使此增透膜适用于 550nm 波长的光，求膜的最小厚度为多少？

解　垂直入射 $i = 0°$ 膜的厚度最小，有

$$\delta = 2n_2 e = (2k + 1)\frac{\lambda}{2} \qquad (k = 0, 1, 2, \cdots)$$

$$e = \frac{(2k + 1)\lambda}{4n_2} \qquad (k = 0, 1, 2, \cdots)$$

$k = 0$ 时，膜厚度最小，有 $\qquad e_{\min} = \frac{\lambda}{4n_2} = \frac{550}{4 \times 1.3} = 105.8\text{nm}$

7. 有一劈尖，折射率 $n = 1.4$，尖角 $\theta = 10^{-4}\text{rad}$，波长为 700nm 的某单色光垂直照射下，可测得两相邻明纹之间的距离为 0.25cm。试求：（1）该单色光的波长？（2）如果劈形膜长为 3.5cm，那么总共可出现多少条明条纹？

解　由 $l\sin\theta = \frac{\lambda}{2n}$，$\lambda = 2nl\sin\theta = 2nl\theta = 700\text{nm}$，有

$$N = L/l = 3.5/0.25 = 14 \text{ 条}$$

8. 利用空气劈尖的等厚干涉条纹，可以测量经精密加工后工件表面上极小纹路的深度。如图 10 - 1（1），在工件表面上放入一平板玻璃，使其间形成空气劈形膜，以单色光垂直照射玻璃表面，用显微镜观察干涉条纹，由于工件表面不平，观察到的条纹

如图 10 - 1（2）所示。试根据条纹弯曲的方向，说明工件表面上纹路是凹的还是凸的？证明纹路深度或高度可用下式表示

$$H = \frac{a}{b} \cdot \frac{\lambda}{2}$$

其中，a、b 如图 10 - 1（2）所示。

解 显微镜视野中，劈棱处对应条纹在左侧，因为各级等厚干涉条纹向棱边移动，所以纹路处厚度增加，所以工件表面上纹路是凹的。相邻条纹间距为 b，对应厚度差为 $\frac{\lambda}{2}$，有

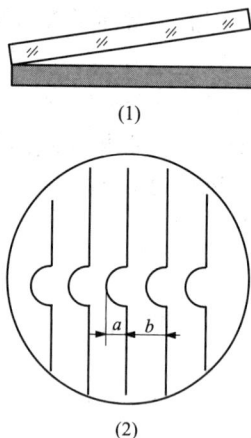

(1)

(2)

图 10 - 1

$$b\sin\theta = \frac{\lambda}{2}, \qquad \sin\theta = \frac{\lambda}{2b}$$

$$H = a\sin\theta = \frac{a\lambda}{2b}$$

9. 若用波长不同的光观察牛顿环，$\lambda_1 = 600\text{nm}$，$\lambda_2 = 450\text{nm}$，观察到用 λ_1 时第 k 个暗环与用 λ_2 时的第 $k+1$ 个暗环重合，已知透镜的曲率半径是 190cm。求：（1）用 λ_1 时第 k 个暗环的半径。（2）又如在牛顿环中用波长为 500nm 的第 5 个明环与用波长为 λ_2 时的第 6 个明环重合，求波长 λ_2。

解 （1）λ_1 的第 k 个暗环应为第 $k-1$ 级暗环，有 $\quad r_{k-1} = \sqrt{(k-1)\,R\lambda_1}$

λ_2 的第 $k+1$ 个暗环应为第 k 级暗环，有 $\quad r_k = \sqrt{kR\lambda_2}$

由题意 $\qquad r = \sqrt{(k-1)\,R\lambda_1} = \sqrt{kR\lambda_2}, \quad k = \frac{\lambda_1}{\lambda_1 - \lambda_2} = 4$

$$r = \sqrt{(4-1)\,R\lambda_1} = 1.85 \times 10^{-3}\text{m}$$

（2）由明环半径公式 $\qquad r = \sqrt{\frac{(2k_1 - 1)\,R\lambda_1}{2}} = \sqrt{\frac{(2k_2 - 1)\,R\lambda_2}{2}}$

式中，$k_1 = 5$，$k_2 = 6$，解得 $\quad \lambda_2 = 409.1\text{nm}$

10. 如图 10 - 2 所示的装置中，平面玻璃板是由两部分组成的（冕牌玻璃的折射率 $n = 1.50$ 和火石玻璃的折射率 $n = 1.75$）。透镜是用冕牌玻璃制成的，而透镜与玻璃之间的空间充满着二硫化碳（二硫化碳的折射率 $n = 1.62$）。问由此而成的牛顿环的花样如何？

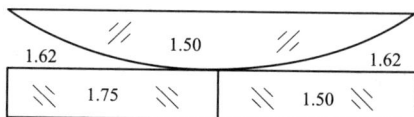

图 10 - 2

解 因为牛顿环装置左半部 $n_1 > n_2 > n_3$，所以两条光线均有半波损失，相互抵消，无附加光程差，所以光程差为

$$\delta = 2n_2 e$$

在牛顿环装置右半部 $n_1 < n_2 > n_3$，有附加光程差，所以光程差为

$$\delta = 2n_2 e + \frac{\lambda}{2}$$

在 $k = 0$ 时，左半部为亮环，而右半部为暗环，其他各级牛顿环左右两部分的明暗花样

也是正好相反。

四、补充练习题

1. 如图 10 - 3 所示，图中平凸透镜的凸面是一标准样板，其曲率半径 $R = 102.3\text{cm}$，而另一个凹面是一凹面镜的待测面，半径为 R_2，如在牛顿环实验中，入射的单色光的波长 $\lambda = 589.3\text{nm}$，测得第 4 级暗环的半径 $r = 2.25\text{cm}$，试求 R_2 为多少?

解　由图中几何关系有

$$r_k^2 = 2R_1 e_1 = 2R_2 e_2 \qquad (1)$$

空气膜厚度为　　$e_k = e_1 - e_2 \qquad (2)$

由暗纹条件有　　$2e_k + \dfrac{\lambda}{2} = (2k+1)\dfrac{\lambda}{2} \qquad (3)$

将 $R_1 = 102.3\text{cm}$，$\lambda = 589.3\text{nm}$，$k = 4$，$r_4 = 2.25\text{cm}$ 代入，解得 $R_2 = 102.8\text{cm}$。

2. 迈克耳逊干涉仪可用来测量单色光波长，当 M_2 移动距离 $\Delta e = 0.3220\text{mm}$ 时，测得某单色光的干涉条纹为 $N = 1024$ 条，试求单色光的波长。

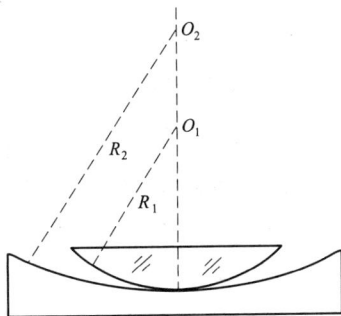

图 10 - 3

解　M_2 移动距离 $\Delta e = 0.3220\text{mm}$ 光程差改变

$$\delta = 2\Delta e = k\lambda = \Delta n\lambda$$

$$\lambda = \frac{2\Delta e}{\Delta n} = \frac{2 \times 0.3220 \times 10^6}{1024} = 628.9\text{nm}$$

3. 在迈克耳逊干涉仪的 M_2 镜前，当插入一薄玻璃片时，可观察到有 150 条干涉条纹向一方移过，若玻璃片的折射率 $n = 1.632$，所用的单色光的波长 $\lambda = 500\text{nm}$，试求玻璃片的厚度。

解　插入一薄玻璃片后，光程差变化　$\Delta\delta = 2(n-1)e = \Delta k \cdot \lambda$

$$e = \frac{\Delta k\lambda}{2(n-1)} = \frac{150 \times 500 \times 10^{-7}}{2(1.632-1)} = 5.934 \times 10^{-3}\text{cm}$$

（李辛）

第十一章 | 光 的 衍 射

一、基本要求

1. 理解惠更斯－菲涅耳原理。掌握对单缝夫琅和费衍射的半波带分析法，以及衍射条纹特点和明暗纹特点和明暗纹位置条件。

2. 掌握光栅公式及光栅衍射光谱的特点。

3. 掌握最小分辨角公式和布喇格方程。

二、要点精讲

1. 惠更斯－菲涅耳原理 从同一波面上各点所发出的子波，经传播而在空间某点相遇时，也可以相互叠加而产生干涉现象。衍射现象的实质是光波遇到障碍物后，波面受到了限制，而通过障碍物以后的强度分布是已经受到了限制的波面上各点发出的子波相干的结果。

2. 单缝夫琅和费衍射 用菲涅耳半波带分析法，可避免繁杂的积分运算。当单色光垂直入射单缝时，单缝两边缘光线光程差为

$$\delta = a \cdot \sin\varphi$$

（1）中央明纹区 $\qquad -\lambda < a\sin\varphi < \lambda$

① 半角宽 $\qquad \varphi_1 = \sin\varphi_1 = \dfrac{\lambda}{a} \qquad （\varphi_1 \text{很小时}）$

② 角宽 $\qquad 2\varphi_1 = \dfrac{2\lambda}{a}$

③ 线宽 $\qquad 2x_1 = f \cdot \dfrac{2\lambda}{a}$

（2）暗纹（极小）位置公式

① 角位置 $\qquad a \cdot \sin\varphi = \pm k\lambda \qquad (k = 1, 2, 3, \cdots)$

② 线位置 $\qquad x_k = f \cdot \sin\varphi_k = \pm f \cdot \dfrac{k\lambda}{a} \qquad (k = 1, 2, 3, \cdots)$

（3）次极大（次级明纹中心）位置公式

① 角位置 $\qquad a \cdot \sin\varphi = \pm(2k+1)\dfrac{\lambda}{2} \qquad (k = 1,2,3,\cdots)$

② 线位置 $\qquad x_k = f \cdot \sin\varphi_k = \pm f \cdot \dfrac{(2k+1)\dfrac{\lambda}{2}}{a} \qquad (k = 1,2,3,\cdots)$

3. 衍射光栅

（1）光栅衍射原理 是每缝的单缝衍射和多缝间的干涉共同作用的结果。

（2）光栅常数 $\qquad d = a + b$

单位长度缝数 $\qquad n = \dfrac{1}{d} = \dfrac{1}{a+b}$

（3）光栅方程（光栅公式） 波长为 λ 的光垂直入射时,谱线主极大位置为

$$(a+b)\sin\varphi = \pm k\lambda \qquad (k=1,2,3,\cdots)$$

①缺级问题 多缝干涉的某级主极大正好落在单缝衍射的极小处时，则这一级极大缺级，即

$$\frac{a+b}{a} = \frac{k}{k'}$$

为整数比时，则第 k，$2k$，$3k$，$\cdots$ 各级缺级。

②在 $-\dfrac{\pi}{2} < \varphi < \dfrac{\pi}{2}$ 范围，可见的最大极次

$$k = \frac{a+b}{\lambda} \qquad (\text{取整数})$$

（4）复色光垂直入射时

①0 级主极大（$k=0$，$\varphi=0$），各种波长的光重合，仍为复色光。

②$k>0$ 的各级主极大，随波长 λ 不同对应不同衍射角，形成光栅衍射光谱。同一级次光谱是由紫而红从中央向外排列。

③级次较高时，各级光谱可彼此重叠，重叠处满足

$$(a+b)\sin\varphi = k_1\lambda_1 = k_2\lambda_2$$

4. 光学仪器分辨率

（1）最小分辨角 $\qquad \delta\varphi = 1.22\dfrac{\lambda}{D}$

（2）光学仪器分辨率 $\qquad R = \dfrac{1}{\delta\varphi}$

5. X 射线衍射

布喇格方程 $\qquad 2d\cdot\sin\varphi = k\lambda \qquad (k=1,2,3,\cdots)$

式中，d 为相应的晶格常数；φ 为掠射角。

三、习题与解答

1. 今以钠光 589.3nm 照射单缝，在焦距为 80cm 的透镜焦面处的屏上观察到中央明纹的宽度为 2×10^{-3}m，求该单缝的缝宽。

解 由暗纹公式 $\qquad a\sin\varphi = 2k\dfrac{\lambda}{2} = \lambda \qquad (k=1)$

又 $\qquad x = f\tan\varphi \approx f\sin\varphi \qquad (\text{为中央明纹宽度的一半})$

所以 $\qquad a = \dfrac{\lambda}{\sin\varphi} = \dfrac{f\lambda}{x} = \dfrac{80\times10^{-2}\times589.3\times10^{-9}}{1\times10^{-3}} = 4.71\times10^{-4}$m

2. 一宽度为 2.0cm 的光栅上共有 6000 条缝。今用钠黄光垂直入射，问在哪些角位置处出现主极大?

解 $\qquad a+b = \dfrac{2\times10^{-2}}{6000} = 3.33\times10^{-6}$m

由光栅公式　　　　　$(a + b)\sin\varphi = \pm k\lambda$　　　$(k = 0, 1, 2, \cdots)$

$$\sin\varphi = \pm\frac{k\lambda}{a + b} = \pm\frac{589.3 \times 10^{-9}}{3.33 \times 10^{-6}}k = \pm0.177k$$

故　　　　　　　　　$\varphi = \arcsin(\pm0.177k)$

又　　　　　　$k = \frac{(a + b)\sin\varphi}{\lambda} \leqslant \frac{a + b}{\lambda} = \frac{3.33 \times 10^{-6}}{589.3 \times 10^{-9}} = 5.65$

取整数 $k_{\max} = 5$，因此 $\varphi = \arcsin(\pm0.177k)$，$k = 0$，1，2，3，4，5。

3. 波长为500nm的平行光线垂直地入射于一宽为1mm的狭缝，若在缝的后面有一焦距为100cm的薄透镜，使光线聚焦于一屏幕上，试问从衍射图形的中心点到下列各点的距离如何？（1）第一极小；（2）第一级明纹的极大处；（3）第三极小。

解　（1）由暗纹公式　$a\sin\varphi = 2k\frac{\lambda}{2}$，第一级小，即 $k = 1$。

故　　　　　　　　　$\varphi \approx \sin\varphi = \pm\frac{\lambda}{a}$

所以　　　　　$x = f\tan\varphi \approx f\sin\varphi = \pm\frac{\lambda}{a} \cdot f = \pm0.5\text{nm}$

（2）由亮纹公式　$a\sin\varphi = \pm(2k + 1)\frac{\lambda}{2}$，第一极大，即 $k = 1$。

故　　　　　　　$\sin\varphi = \pm(2 + 1)\frac{\lambda}{2a} - \pm\frac{3\lambda}{2a}$

所以　　　　　$x = f\sin\varphi = f\left(\pm\frac{3\lambda}{2a}\right) = \pm0.75\text{nm}$

（3）第三极小，$k = 3$，由暗纹公式　$a\sin\varphi = \pm2k\frac{\lambda}{2} = \pm3\lambda$

故　　　　　　　　　$\sin\varphi = \pm\frac{3\lambda}{a}$

所以　　　　　$x = f\sin\varphi = f\left(\pm\frac{3\lambda}{a}\right) = \pm1.5\text{nm}$

4. 在一单缝夫琅和费衍射实验中，缝宽 $a = 5\lambda$，缝后透镜焦距 $f = 40\text{cm}$，试求中央条纹和第一级亮纹的宽度。

解　由暗纹公式 $a\sin\varphi = 2k\frac{\lambda}{2}$　$(k = 1, 2, 3, \cdots)$，及

$$x = f\tan\varphi \approx f\sin\varphi = \frac{fk\lambda}{a}$$

有第一级小，即 $k = 1$；第二级小，即 $k = 2$，得

$$x_1 = f\sin\varphi_1 = f \cdot \frac{\lambda}{a} = 40 \times 10^{-2} \times \frac{\lambda}{5\lambda} = 8\text{cm}$$

$$x_2 = f\sin\varphi_2 = f \cdot \frac{2\lambda}{a} = 16\text{cm}$$

所以中央亮纹宽度　　　$\Delta x_0 = 2x_1 = 2 \times 8 = 16\text{cm}$

第一级亮纹的宽度　　　$\Delta x_1 = x_2 - x_1 = 16 - 8 = 8\text{cm}$

可见，第一级亮纹的宽度只是中央亮纹宽度的一半。

5. 有一单缝，宽 $a = 0.10\text{mm}$，在缝后放一焦距为 50cm 的会聚透镜。用平行绿光（$\lambda = 546\text{nm}$）垂直照射单缝，求位于透镜焦面处的屏幕上的中央明条纹宽度。

解　（1）中央明条纹的宽度即为两个第一级明纹间的距离，由 $a\sin\varphi = \pm k\lambda$，（$k = 1,2,3,\cdots$），取 $k = 1$ 得 $\sin\varphi = \dfrac{\lambda}{a}$。

故

$$x = f\tan\varphi \approx f\sin\varphi = \frac{f\lambda}{a}$$

所以中央明纹宽度

$$\Delta x = 2x = 2\frac{f\lambda}{a} = 5.46\text{nm}$$

6. 在白光形成的单缝衍射条纹中，若某波长光波的第三级明条纹恰好与红光（$\lambda = 630\text{nm}$）的第二级明条纹重合，求该光波的波长。

解　由单缝衍射的亮条纹公式 $a\sin\varphi = \pm(2k + 1)\dfrac{\lambda}{2}$，依题意有

$$a\sin\varphi = (2k_1 + 1)\frac{\lambda_1}{2} = (2k_2 + 1)\frac{\lambda_2}{2}$$

其中，$k_1 = 3$，$k_2 = 2$，$\lambda_2 = 630\text{nm}$。

故

$$\lambda_1 = \frac{5}{7}\lambda_2 = 450\text{nm}$$

7. 利用一个每厘米有 4000 条缝的光栅，可以产生多少完整的可见光谱（设可见光的波长为 $400 \sim 700\text{nm}$）？

解

$$a + b = \frac{1}{4000}\text{cm} = 2.5 \times 10^{-3}\text{mm}$$

由于完整光谱的含义是指同级次的光谱中包括了可见光的所有波长的谱线，故若 $\lambda = 700\text{nm}$ 的光谱存在，则小于 700nm 的其他波长的光谱（$400 \sim 700\text{nm}$）也一定存在。

由

$$(a + b)\sin\varphi = k\lambda \Rightarrow k \leqslant \frac{(a + b)}{\lambda} = \frac{2.5 \times 10^{-3}}{700 \times 10^{-6}} = 3.57$$

故，取整数 $k = 3$。

8. 为了测定光栅常数，用氦氖激光器的红光（632.8nm）垂直地照射光栅，做夫琅和费衍射的实验。已知第一级明条纹出现在 $38°$ 的方向，问这光栅的光栅常数是多少？1cm 内有多少条缝？第二级明条纹出现在什么角度？

又使用这光栅对某单色光同样做衍射实验，发现第一级明条纹出现在 $27°$ 的方向，问这单色光的波长是多少？对这单色光，至多可看到第几级明条纹？

解　（1）由 $(a + b)\sin\varphi = k\lambda$，第一级即 $k = 1$，所以

$$(a + b) = \frac{k\lambda}{\sin\varphi} = \frac{6238 \times 10^{-8}}{\sin 38°} = 1.028 \times 10^{-4}\text{cm}$$

（2）1cm 内的缝数为　$N = \dfrac{1}{a + b} = 9728$ 条/cm

（3）当 $k = 2$ 时，由 $(a + b)\sin\varphi = k\lambda$

$$\sin\varphi = \frac{k\lambda}{(a + b)} = \frac{2 \times 6238 \times 10^{-8}}{1.028 \times 10^{-4}} > 1,\text{ 所以不存在。}$$

（4）由 $(a + b)\sin\varphi = k\lambda$ 得

$$\lambda = \frac{(a+b)\sin\varphi}{k} = \frac{1.028 \times 10^{-4}\sin 27°}{1} \times 10^7 = 466.7\text{mm}$$

（5）因为 $k \leqslant \frac{(a+b)}{\lambda} = \frac{1.028 \times 10^{-4}}{4667 \times 10^{-8}} = 2.2$

所以取整数 $k_{max} = 2$

因此，最多能看到第二级明条纹。

9. 波长为 600nm 的单色光垂直射在一光栅上，第二、第三级明条纹分别出现在 $\sin\varphi = 0.20$ 与 $\sin\varphi = 0.30$ 处，第四级缺级。试问：（1）光栅上相邻两缝的间距是多少？（2）光栅上狭缝的最小宽度有多大？（3）按上述选定的 a、b 值，在 $-90° < \varphi < 90°$ 范围内，实际呈现的全部级数是多少？

解 （1）由光栅公式 $\qquad (a+b)\sin\varphi = k\lambda$

所以有 $\qquad \begin{cases}(a+b) \times 0.20 = 2\lambda \\ (a+b) \times 0.30 = 3\lambda\end{cases} \Rightarrow (a+b) = 6.0 \times 10^{-3}\text{mm}$

（2）由 $\qquad \begin{cases}(a+b)\sin\varphi = k\lambda \\ a\sin\varphi = k'\lambda\end{cases} \Rightarrow \frac{(a+b)}{a} = \frac{k}{k'}$

又第四级缺级，即 $k=4$，所以 $\qquad a = \frac{(a+b)}{4}k'$

取 $k'=1$，则最小缝宽 $\quad a = \frac{(a+b)}{4} = 1.5 \times 10^{-3}\text{mm}$，$b = 4.5 \times 10^{-3}\text{mm}$。

（$k' \neq 2$，否则第二级缺级，不合题意）

（3）由 $(a+b)\sin\varphi = k\lambda$，所以 $\quad k = \frac{(a+b)\sin\varphi}{\lambda}$

又 $|\varphi| < 90°$，故 $\qquad k_{max} < \frac{(a+b)}{\lambda} = 10$

考虑到 $k = \pm 4$，± 8 缺级，所以实际呈现的全部级数为：$k = 0$，± 1，± 2，± 3，± 4，± 5，± 6，± 7，± 8，± 9。

10. 用波长为 530nm 的光照射光栅，光栅常数为 $3 \times 10^{-6}\text{m}$。问：（1）光线垂直入射时，最多能看到第几级条纹，该级条纹对应的衍射角是多少？（2）设缝宽为 $1 \times 10^{-6}\text{m}$，问最多能看到多少谱线？

解 （1）由题可得 $\qquad (a+b)\sin\varphi = k\lambda$

因为 $\sin\varphi \leqslant 1$

所以 $k \leqslant \frac{(a+b)}{\lambda} = 5.66$，取整数 $k_{max} = 5$。

又由 $(a+b)\sin\varphi = k\lambda$，有 $\quad \sin\varphi = \frac{k\lambda}{(a+b)} = \frac{5\lambda}{(a+b)} = 0.8833$

所以 $\varphi \approx 62°$

（2）由缺级条件 $k = \frac{(a+b)}{a}k' = 3k'$，可知 $k \pm 3$，± 6，± 9，…缺级。

又 $k_{max} = 5$，故最多能看到 $k=0$，± 1，± 2，± 4，± 5，共9条谱线。

11. 在迎面驶来的汽车上，两盏前灯相距 120cm。试问汽车离人多远的地方，眼睛恰可分辨这两盏灯？设夜间人眼瞳孔直径为 5.0mm，入射光波长 $\lambda = 550\text{nm}$（这里仅考虑人眼圆形瞳孔的衍射效应）。

解　由 $\delta\varphi = 1.22\dfrac{\lambda}{D}$，两车灯对瞳孔中心的张角为 $\dfrac{x}{L}$。

若恰好分辨，则

$$\delta\varphi = 1.22\frac{\lambda}{D} = \frac{x}{L}$$

所以

$$L = \frac{x \cdot D}{1.22\lambda} = \frac{5.0 \times 10^{-3} \times 120 \times 10^{-2}}{1.22 \times 550 \times 10^{-9}} = 8.94 \times 10^{3}\,\text{m}$$

12. 已知天空中两颗星相对于一望远镜的角距离为 $4.84 \times 10^{-6}\,\text{rad}$，它们都发出波长 $\lambda = 5.50 \times 10^{-5}\,\text{cm}$ 的光。试求望远镜的口径至少要多大，才能分辨出这两颗星？

解　由题意 $\delta\varphi = 4.84 \times 10^{-6}\,\text{rad}$，又由公式 $\delta\varphi = 1.22\dfrac{\lambda}{D}$，有

$$D = 1.22\frac{\lambda}{\delta\varphi} = 1.22 \times \frac{5.50 \times 10^{-5}}{4.84 \times 10^{-6}} = 13.9\,\text{cm}$$

13. 老鹰眼睛的瞳孔直径约为 6mm，问其飞翔多高时可看清地面上身长为 5.5cm 的小鼠？设光在空气中的波长为 600nm。

解　根据 $\delta\varphi = 1.22\dfrac{\lambda}{D}$，此时 D 是老鹰的瞳孔直径。若恰好分辨，则

$$\delta\varphi = 1.22\frac{\lambda}{D} = \frac{x}{L}$$

其中，x 为小鼠身长，L 为老鹰飞翔的高度。

得

$$L = \frac{Dx}{1.22\lambda} = \frac{6 \times 10^{-3} \times 5.5 \times 10^{-2}}{1.22 \times 600 \times 10^{-9}} = 4.51 \times 10^{2}\,\text{m}$$

14. 以波长为 0.11nm 的 X 射线照射岩盐晶体，实验测得 X 射线与晶面夹角为 11.5° 时获得第一级反射极大。试求：（1）岩盐晶体原子平面之间的间距 d 为多大？（2）如以另一束待测 X 射线照射，测得 X 射线与晶面夹角为 17.5° 时，获得第一级反射光极大，求该 X 射线的波长。

解　（1）由布喇格公式　$2d\sin\varphi = k\lambda$　（$k = 1, 2, 3, \cdots$）

第一级反射极大，即 $k = 1$，得

$$d = \frac{\lambda_1}{2\sin\varphi_1} = \frac{0.11 \times 10^{-9}}{2 \times \sin 11.5°} = 0.276 \times 10^{-9}\,\text{m} = 0.276\,\text{nm}$$

（2）同理，由 $2d\sin\varphi_2 = k\lambda_2$　取 $k = 1$，得

$$\lambda_2 = 2d\sin\varphi_2 = 0.166\,\text{nm}$$

15. 在 X 射线衍射实验中，入射的 X 射线包含有从 0.095nm 到 0.130nm 这一波带中的各种波长。若已知晶体的晶格常数为 0.275nm，掠射角为 45°，问是否会有干涉加强的衍射 X 射线产生？如果有，这种 X 射线的波长是多少？

解　由布喇格公式 $2d\sin\varphi = k\lambda$，最大谱线 $k = 1, 2, 3, \cdots$

$$\lambda = \frac{2d\sin\varphi}{k} = \frac{2 \times 0.275 \times 10^{-9}\sin 45°}{k} = \frac{0.38885}{k} \times 10^{-9}$$

由题意 $0.095\,\text{nm} \leqslant \lambda \leqslant 0.130\,\text{nm}$，有　$0.095 \times 10^{-9} \leqslant \dfrac{0.38885}{k} \leqslant 0.130 \times 10^{-9}$

所以取 $k = 3, 4$ 时，有干涉加强的 X 射线产生。

$k = 3$ 时，$\lambda = \dfrac{2d\sin\varphi}{k} = \dfrac{2 \times 0.275 \times 10^{-9} \sin 45°}{3} = \dfrac{0.38885}{3} \times 10^{-9} = 0.130\text{nm}$

$k = 4$ 时，$\lambda = \dfrac{2 \times 0.275 \times 10^{-9} \sin 45°}{4} = 0.097\text{nm}$

四、补充练习题

1. 已知单缝宽度为 1.0×10^{-4}m，透镜焦距为 0.50m，用 $\lambda_1 = 400$nm 和 $\lambda_2 = 760$nm 的单色平行光分别垂直照射，求这两种光的第一级明纹离屏中心的距离，以及这两条明纹之间的距离。若用每厘米刻有 1000 条刻线的光栅代替这个单缝，则这两种单色光的第一级明纹分别距屏中心多远？这两条明纹之间的距离又是多少？

解 （1）由单缝衍射的亮纹位置公式

$$x_k = f \cdot \sin\varphi_k = \pm f \cdot \dfrac{(2k+1)\dfrac{\lambda}{2}}{a} \qquad (k = 1, 2, 3, \cdots)$$

当 $\lambda_1 = 400$nm，$k = 1$ 时，

$$x_1 = f \cdot \dfrac{(2k+1)\lambda}{2a} = 0.50 \times \dfrac{3 \times 400 \times 10^{-9}}{2 \times 1.0 \times 10^{-4}} = 3.00 \times 10^{-3}\text{m}$$

当 $\lambda_2 = 760$nm，$k = 1$ 时，$\quad x'_1 = 0.50 \times \dfrac{3 \times 760 \times 10^{-9}}{2 \times 1.0 \times 10^{-4}} = 5.70 \times 10^{-3}\text{m}$

这两条明纹之间的距离 $\quad \Delta x = x'_1 - x_1 = 2.70 \times 10^{-3}\text{m}$

（2）光栅常数 $\quad d = \dfrac{1.0}{1000}\text{cm} = 1 \times 10^{-5}\text{m}$

当光垂直照射光栅时，屏上第 k 级明纹的位置为

$$x_k = \dfrac{k\lambda}{d}f$$

当 $\lambda_1 = 400$nm，$k = 1$ 时，$x_1 = \dfrac{\lambda}{d}f = \dfrac{400 \times 10^{-9}}{1 \times 10^{-5}} \times 0.50 = 2.00 \times 10^{-2}\text{m}$

当 $\lambda_2 = 760$nm，$k = 1$ 时，$x'_1 = \dfrac{\lambda}{d}f = \dfrac{760 \times 10^{-9}}{1 \times 10^{-5}} \times 0.50 = 3.80 \times 10^{-2}\text{m}$

两条纹间距 $\quad \Delta x = x'_1 - x_1 = 1.80 \times 10^{-2}\text{m}$

2. 用一个 1.0mm 内有 500 条刻痕的平面透射光栅观察钠光谱（$\lambda = 589$nm），设透镜焦距 $f = 1.00$m。问：（1）光线垂直入射时，最多能看到第几级光谱？（2）光线以 $30°$ 入射角入射时，最多能看到第几级光谱？（3）若用白光垂直照射光栅，求第一级光谱的线宽度。

解 （1）光栅常数 $\quad d = \dfrac{1.0}{500}\text{mm} = 2 \times 10^{-6}\text{m}$

光波垂直入射时，光栅衍射的明纹条件为 $\quad d\sin\varphi = \pm k\lambda \qquad (k = 0, 1, 2, \cdots)$

令 $\sin\varphi = 1$，可得

$$k = \pm \dfrac{d}{\lambda} = \pm \dfrac{2 \times 10^{-6}}{589 \times 10^{-9}} = \pm 3.40$$

取整数 $k_{max} = 3$，即最多能看到第 3 级光谱。

（2）倾斜入射时，光栅明纹的条件为

$$(a + b)(\sin i \pm \sin\varphi) = \pm k\lambda$$

令 $\sin\varphi = 1$，可求得位于中央主极大两侧，能观察到条纹的最大 k_{max} 值分别为 k_{max1} 和 k_{max2}（已取整数值），故在法线两侧能观察到的最大级次分别为第五级和第一级。

（3）白光的波长范围为 $400 \sim 760\text{nm}$，由 $d\sin\varphi = \pm k\lambda$ 可得第一级（$k = 1$）光谱在屏上的位置，对应于 $\lambda_1 = 400\text{nm}$ 和 $\lambda_2 = 760\text{nm}$ 的明纹的衍射角分别为 $\varphi_1 = \arcsin\dfrac{\lambda_1}{d}$ 和 $\varphi_2 = \arcsin\dfrac{\lambda_2}{d}$，利用 $\tan\varphi = \dfrac{x}{f}$ 可得其明纹的位置分别为

$$x_1 = f\tan\varphi_1 = 0.2\text{m}, \quad x_2 = f\tan\varphi_2 = 0.41\text{m}$$

则第一级光谱的线宽度为

$$\Delta x = x_2 - x_1 = 0.21\text{m}$$

3. 用肉眼观察星体时，星光通过瞳孔的衍射在视网膜上形成一个小亮斑。试求：（1）取瞳孔最大直径为 7.0mm，入射光波长为 550nm 时，星体在视网膜上的像的角宽度；（2）若瞳孔到视网膜的距离为 23mm，视网膜上星体的像的直径是多少？

解 （1）由

$$\theta = 1.22\frac{\lambda}{D}$$

像的角宽度为

$$2\theta = 2 \times 1.22\frac{\lambda}{D} = 2 \times 1.22 \times \frac{550 \times 10^{-9}}{7.0 \times 10^{-3}} = 1.92 \times 10^{-4}\text{rad}$$

（2）若恰好分辨，则 $\delta\varphi = \theta = 1.22\dfrac{\lambda}{D}$，又

$$\delta\varphi = 1.22\frac{\lambda}{D} = \frac{x}{L}$$

得

$$x = L \cdot \delta\varphi = 23 \times 10^{-3} \times 1.92 \times 10^{-4} = 4.42 \times 10^{-6}\text{m}$$

4. 据说间谍卫星上的照相机能清楚识别地面上汽车的牌照号码。问：（1）如果需要识别的牌照上的号码间的距离为 5cm，在 160km 高空的卫星上的照相机的角分辨率应是多少？（2）此照相机的孔径需要多大？（光的波长按 500nm 计）

解 （1）由 $\delta\varphi = 1.22\dfrac{\lambda}{D}$，照相机对汽车的牌照号码的张角为 $\dfrac{x}{L}$

若恰好分辨，则

$$\delta\varphi = 1.22\frac{\lambda}{D} = \frac{x}{L}$$

得

$$\delta\varphi = \frac{x}{L} = \frac{5 \times 10^{-2}}{160 \times 10^{3}} = 3.13 \times 10^{-7}\text{rad}$$

（2）照相机的孔径

$$D = \frac{1.22\lambda}{\delta\varphi} = \frac{1.22 \times 500 \times 10^{-9}}{3.1 \times 10^{-7}} = 1.97\text{m}$$

（赵喆）

第十二章 光 的 偏 振

一、基本要求

1. 明确自然光、线偏振光、部分偏振光的概念。掌握用偏振片（及尼科耳棱镜）进行起偏和检偏的方法；掌握马吕斯定律。

2. 理解光在反射和折射时偏振态的变化，掌握布儒斯特定律。

3. 理解双折射现象及其产生原因，明确光轴、主截面、主平面等概念。掌握晶体双折射的基本规律，了解惠更斯原理在双折射现象中的应用。

4. 理解椭圆偏振光和圆偏振光的产生及特点，掌握旋光现象及其应用，了解偏振光的干涉。

二、要点精讲

1. 自然光、线偏振光和部分偏振光

（1）自然光　普通光源发出的光，是具有一切可能振动方向的大量光波的总和，它包含有各种可能方向的光矢量。平均看来，在垂直于光波传播方向的平面内，没有哪一个方向的光矢量占有优势，即在所有可能的方向上，E 矢量的振幅都相等，这样的光称为自然光。

（2）线偏振光　在垂直于光波传播方向的平面内，只含有单一方向的光振动，即光振动只在某一固定方向的光称为线偏振光，简称偏振光。

（3）部分偏振光　在垂直于光波传播方向的平面内，如果某一方向的光振动比与之相垂直方向的光振动占优势，这种光称为部分偏振光。

2. 反射光和折射光的偏振　自然光在两种各向同性介质分界面上反射和折射时，反射光和折射光一般情况下都成为部分偏振光。反射光中垂直入射面的光振动占有优势；折射光中平行于入射面的光振动占有优势。

3. 布儒斯特定律　反射光的偏振化程度取决于入射角，当入射角 $i = i_0$，i_0 满足

$$\tan i_0 = \frac{n_2}{n_1} = n_{21}$$

时，反射光就成为振动面与入射面垂直的完全偏振光，折射光仍为部分偏振光。i_0 称为起偏角或布儒斯特角。

设折射角为 r，可推出 $i_0 + r = \frac{\pi}{2}$，即此时反射光与折射光互相垂直。

4. 马吕斯定律　不考虑吸收时，强度为 I_0 的线偏光透过检偏器后的透射光强为

$$I = I_0 \cos^2 \alpha$$

式中，α 为入射偏振光振动方向与检偏器偏振化方向之间的夹角。

5. 光的双折射

（1）双折射现象　一束光线射向各向异性的晶体时，光波在晶体内分裂为两条，各以不同速度传播的现象称为双折射现象。其中一条遵守通常的折射定律，称为寻常光，简称 o 光；而另一条光线不遵守通常的折射定律，称为非常光，简称 e 光。o 光和 e 光都是线偏振光。

（2）产生双折射的原因　是由于晶体的各向异性，使得具有不同振动方向的 o 光和 e 光在晶体中传播时具有不同的传播速度而引起的。

（3）关于晶体光学特性的几个基本概念

①光轴　晶体中存在某确定方向，光线沿这个方向传播时，不同振动方向的光传播速度相同（均为 v_0），这一方向称为晶体的光轴。仅有一个光轴方向的晶体称为单轴晶体，具有两个光轴方向的晶体称为双轴晶体。

②主截面　晶面法线与光轴组成的平面称为晶体的主截面。

③主平面　晶体中任一已知光线和光轴组成的平面称为该光线的主平面。

（4）晶体双折射的基本规律

①入射晶体的光，在晶体中沿光轴方向传播时，不同振动方向的光传播速度相同（均为 v_o），不发生双折射。

②入射晶体的光，在晶体中不沿光轴方向传播时，不同振动方向的光传播速度不同，要发生双折射，形成两条线偏振光。其中 o 光振动方向垂直于 o 光主平面，v_o 为恒量，n_o 为定值，遵守通常折射定律；e 光振动方向在 e 光主平面内，其速度 v，折射率 n 随传播方向不同而不同，不遵守通常折射定律。沿光轴方向传播时 $v = v_o$，$n = n_o$，垂直光轴方向传播时，$v = v_e$，$n = n_e$，与 v_o、n_o 差别最大，其他方向 v 介于 v_o、v_e 之间；n 介于 n_o、n_e 之间；n_o、n_e 分别称为晶体对 o 光和 e 光的主折射率。

③当入射面是晶体主截面时，o 光和 e 光及它们的主平面都在主截面内，此时 o 光和 e 光振动方向互相垂直。

（5）惠更斯原理在双折射现象中的应用　应用惠更斯原理，可以说明光线在单轴晶体中发生双折射现象的基本规律。并可应用做图法求出晶体内部光波的波面，由于 o 光在各方向上传播速度相同，故 o 光子波波面是球面，而 e 光在各方向上传播速度不同，故 e 光子波波面是旋转椭球面。

（6）圆偏振光和椭圆偏振光　线偏光垂直入射于单轴晶片（光轴平行于晶面）时，设入射光振幅为 A，强度为 I，α 为入射线偏光振动方向与晶片光轴夹角，晶片厚度为 d。

①在晶体中，o 光和 e 光同方向传播，但传播速度不同。

o 光振幅　$A_o = A\sin\alpha$，光强　$I_o = I\sin^2\alpha$

e 光振幅　$A_e = A\cos\alpha$，光强　$I_e = I\cos^2\alpha$

②出离晶片后，o 光和 e 光的光程差　$\delta = (n_o - n_e)d$

相位差　$\Delta\varphi = \dfrac{2\pi}{\lambda}\delta = \dfrac{2\pi}{\lambda}(n_o - n_e)d$

③o 光和 e 光满足同频率垂直振动合成条件

当 $\delta = k\lambda$ 时（称为全波片），$k = 1，2，\cdots$，出射仍是线偏振，振动方向不变。

当 $\delta = (2k+1)\dfrac{\lambda}{2}$ 时（称为半波片），$k = 0$，1，2，…，出射仍是线偏振光，振动方向向光轴转 2α 角。

当 $\delta = (2k+1)\dfrac{\lambda}{4}$ 时（称为四分之一波片），$k = 0$，1，2，…，出射形成正椭圆偏振光，若 $\alpha = \dfrac{\pi}{4}$ 时则形成圆偏振光。

（7）偏振光的干涉　同一单色偏振光通过双折射物质后，所产生的 o 光和 e 光却是可能相干的。因为它们的振动频率相同，相位差恒定，只是振动方向相互垂直，只要设法将它们的振动方向引到同一方向上，就能满足相干条件，从而实现偏振光的干涉。

当双折射晶片置于两正交偏振片之间时，便可观察偏振光的干涉。

5. 旋光现象　线偏光通过某些物质后，振动面发生旋转的现象称为旋光现象。

线偏光通过晶体时，振动面旋转角度　$\varphi = \alpha \cdot d$

式中，α 为晶体旋光率（°/mm）；d 为晶体沿着通光方向的厚度（mm）。

线偏光通过旋光性溶液时，振动面旋转角度　$\varphi = \alpha \cdot c \cdot d$

式中，α 为旋光性溶液旋光率〔°cm³/(g·dm)〕；d 为旋光性溶液沿着通光方向的厚度（dm）；c 为旋光性溶液浓度（g/cm³）。

三、习题与解答

4.（1）求光在装满水的容器底部反射时的布儒斯特角。已知容器是用折射率 $n = 1.50$ 的玻璃制成的。（$n_水 = 1.33$）

（2）光线以起偏角从空气中入射到珐琅片上，现测得折射角为 30°，求该珐琅片的折射率。

解（1）由布儒斯特定律　$\tan i_0 = \dfrac{n_2}{n_1} = \dfrac{1.50}{1.33} \approx 1.128$

所以　　　　　　　　　　　　　　　$i_0 \approx 48.44°$

（2）因为折射角 $r = 30°$，所以 $i_0 = 60°$。

由布儒斯特定律 $\tan i_0 = \dfrac{n_2}{n_1} = n_1$（空气的折射率 $n_1 \approx 1$）得

$$n_2 = \tan 60° = 1.732$$

5. 自然光通过两个相交 60° 的偏振片，求透射光与入射光强度之比。

解　由自然光入射及马吕斯定律得

$$I = \frac{1}{2}I_0 \cos^2 \alpha = \frac{1}{2}I_0 \cos^2 60°$$

所以　　　　　　　　　　$\dfrac{I}{I_0} = \dfrac{1}{2}\cos^2 60° = \dfrac{1}{8} = 0.125$

6. 平行放置两偏振片，使它们的偏振化方向成 60° 的夹角。

（1）如果两偏振片对光振动平行于其偏振化方向的光线均无吸收，则让自然光垂直入射后，其透射光强与入射光强之比是多少？

（2）如果两偏振片对光振动平行于其偏振化方向的光线分别吸收了 10% 的能量，

则透射光强与入射光强之比是多少?

（3）今在这两偏振片之间再平行地插入另一偏振片，使它的偏振化方向与前两个偏振片均成 30° 角，则透射光强与入射光强之比又是多少? 先按无吸收情况计算，再按有吸收（均吸收 10%）情况计算。

解 （1）由自然光入射及马吕斯定律得

$$I = \frac{1}{2}I_0\cos^2 60°$$

所以
$$\frac{I}{I_0} = \frac{1}{2}\cos^2 60° = \frac{1}{8} = 0.125$$

（2）因为
$$I = \frac{1}{2}I_0\cos^2 60°(1-10\%)^2$$

所以
$$\frac{I}{I_0} = \frac{1}{2}\cos^2 60°(1-10\%)^2 = \frac{1}{8}\times 0.9^2 = 0.101$$

（3）无吸收时
$$I = \frac{1}{2}I_0\cos^2 30°\cos^2 30°$$

$$\frac{I}{I_0} = \frac{1}{2}\cos^2 30°\cos^2 30° = \frac{9}{32} = 0.281$$

有吸收时
$$I = \frac{1}{2}I_0\cos^2 30°\cos^2 30°(1-10\%)^3$$

$$\frac{I}{I_0} = \frac{1}{2}\cos^2 30°\cos^2 30°(1-10\%)^3 = 0.205$$

8. 如图 12-1（a）所示，一束自然光入射在方解石晶体的表面上，入射光线与光轴成一定角度；问将有几条光线从方解石透射出来？如果把方解石切割成等厚的 A、B 两块，并平行地移开很短一段距离，如图 12-1（b）所示，此时光线通过这两块方解石后有多少条光线射出来？如果把 B 块绕光线转过一个角度，此时将有几条光线从 B 块射出来？为什么？

(a)

(b)

图 12-1

答 （1）若入射光为自然光，入射光线与晶体光轴成一定角度，则透射光线有两条，即一条为寻常光（o 光），另一条为非常光（e 光）。

（2）当把方解石切割成两块后平行移开很短一段距离，由于两块主截面完全平行，所以透过 A 后的两条光，再通过 B 时都不产生双折射，故透射光线仍为两条。

（3）当其中一块 B 转过一个角度后，则两块晶体主截面不再平行，所以透过 A 后的两光再通过 B 时都有双折射产生，故透射光线有 4 条。

9. 将方解石割成一个正三角形棱镜，其光轴与棱镜的棱边平行，亦即与棱镜的正三角形横截面相垂直，如图 12-2 所示。今有一束自然光入射于棱镜，为使棱镜内的 e

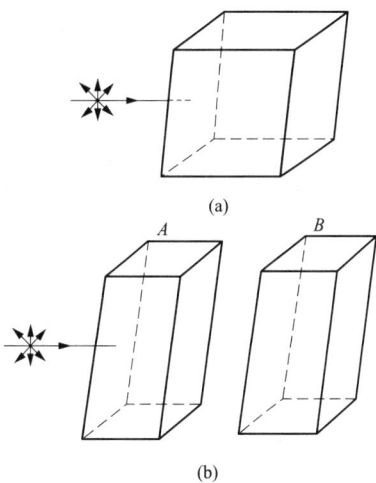

光折射线平行于棱镜的底边，该入射光的入射角 i 应为多少? 并在图中画出 o 光的光路。已知 $n_e = 1.49$（主折射率），$n_0 = 1.66$。

由此说明怎样用这种棱镜来测定方解石的 n_0、n_e（主折射率）。

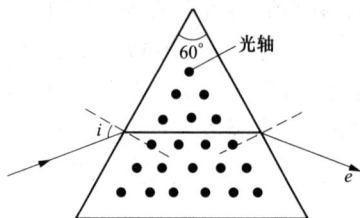
图 12-2

解 因为折射光中 e 光平行棱镜底边，所以 e 光折射角 $r_e = 30°$。

由折射定律　　$n_1 \sin i = n_e \sin r_e$

所以　　$\sin i = n_e \sin r_e = 1.49 \sin 30° = 0.745$　　$(n_1 \approx 1)$

故　　　　　　　　　　　$i = 48.16°$

同理对于 o 光，由折射定律　$n_1 \sin i = n_0 \sin r_0$

所以　　　$\sin r_0 = \dfrac{n_1 \sin i}{n_0} = \dfrac{1 \times 0.745}{1.66} = 0.4488$

故　　　　　　　　　　　$r_o = 26.67°$

所以只要调节入射角 i，使折射角恒与底边平行，即固定折射角，测定 i，即可得 n_o、n_e。

10. 如果一个 1/2 波片或 1/4 波片的光轴与起偏振器的偏振化方向成 $30°$ 角，试问从 1/2 波片还是从 1/4 波片透射出来的光将是：线偏振光、圆偏振光、椭圆偏振光? 为何?

解 对四分之一波片，由四分之一波片的性质可知其透射光为椭圆偏振光。

对二分之一波片，由二分之一波片的性质可知其透射光为线偏振光。

11. 某药物的水溶液浓度为 0.050g/cm^3，装在长 20cm 的玻璃管中，在 $20℃$ 时，测得其对钠黄光的旋光角为 $5.3°$，求该药物的旋光率是多少?

解 由 $\varphi = \alpha \cdot c \cdot d$ 得　$\alpha = \dfrac{\varphi}{c \cdot d} = \dfrac{5.3}{0.050 \times 2} = 53° \text{cm}^3/(\text{g} \cdot \text{dm})$

13. 将厚度为 1mm 且垂直于光轴切出的石英晶片，放在两平行的偏振片之间，某一波长的光波，经过晶片后振动面旋转了 $20°$。问石英晶片的厚度变为多少时，该波长的光将完全不能通过?

解 由 $\varphi = \alpha \cdot d$ 得　$\alpha = \dfrac{\varphi}{d} = \dfrac{20}{1} = 20°/\text{mm}$

若光线不能通过，需振动面旋转 $90°$。

所以晶片的厚度为　　　　$d' = \dfrac{\varphi'}{\alpha} = \dfrac{90}{20} = 4.5\text{mm}$

四、补充练习题

1. 两偏振片 A 和 B 组成一装置，它们的偏振化方向成 $45°$ 角，设入射光是线偏振光，它的振动方向与 A 的偏振化方向相同。试求：同一强度的光分别从装置的左边及右边入射时，透射光的强度之比。

解 设入射偏振光的强度为 I_0。

从左边入射时，通过 A 和 B 后透射光的强度分别为

$$I_A = I_0 \cos^2 0° = I_0, \quad I_B = I_A \cos^2 45° = \frac{1}{2} I_0$$

从右边入射时，通过 B 和 A 后透射光的强度分别为

$$I_B' = I_0 \cos^2 45° = \frac{1}{2} I_0, \quad I_A' = I_B' \cos^2 45° = \frac{1}{4} I_0$$

两种情况下透射光强度之比为　　$\dfrac{I_B}{I_A'} = \dfrac{\frac{1}{2} I_0}{\frac{1}{4} I_0} = 2$

2. 一束平行的自然光，以58°角从空气入射到某一平面玻璃的表面上，反射光是线偏振光。问：（1）折射光的折射角是多少？（2）玻璃的折射率是多少？

解　设入射角为 i，折射角为 r，

（1）因为入射角为布儒斯特角，入射角与折射角互为余角，则

$$r = 90° - i = 90° - 58° = 32°$$

（2）根据布儒斯特定律

$$\tan i_0 = \frac{n_{玻璃}}{n_{空气}}$$

得　　　　　　　　　　$n_{玻璃} = \tan i_0 = \mathrm{tg}58° = 1.60$

3. 如图 12-3 所示，自然光入射到水面上入射角为 i_1 时，反射光是线偏振光。今有一块玻璃浸入水中，且从玻璃反射的光也是线偏振光，求水与玻璃面间的夹角 α。（玻璃折射率 $n_3 = 1.517$，水的折射率 $n_2 = 1.333$，空气的折射率 $n_1 = 1$）

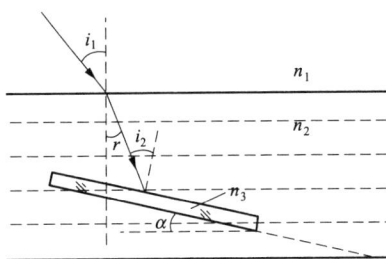

图 12-3

解　根据题意，自然光入射水面时，在空气和水的分界面上，反射光是线偏振光，说明入射角 i_1 为起偏角。又指出玻璃面反射的光也是线偏振光，说明光入射到水与玻璃分界面上，入射角也是起偏角。剩下的问题是分析清楚各角之间的关系。

由布儒斯特定律　　　　　　$\tan i_1 = \dfrac{n_2}{n_1} = 1.333$

得　　　　　　　　　　　　$i_1 = 53.12°$

设光射到玻璃上的入射角为 i_2，由布儒斯特定律

$$\tan i_2 = \frac{n_3}{n_2} = \frac{1.517}{1.333} = 1.138$$

得　　　　　　　　　　　　$i_2 = 48.69°$

设自然光在空气和水的分界面上的折射角为 r，根据折射定律

$$n_1 \sin i_1 = n_2 \sin r$$

得　　　　　　$\sin r = \dfrac{n_1 \sin i_1}{n_2} = \dfrac{\sin 53.12°}{1.333} = 0.6001$

所以　　　　　　　　　　　　$r = 36.88°$

从图可知 $\qquad\qquad 90° - \alpha = r + (90° - i_2)$

所以 $\qquad\qquad \alpha = i_2 - r = 48.69° - 36.88° = 11.81°$

4. 石英晶片对不同波长的光的旋光率是不同的,如对于 546.1nm 波长的单色光的旋光率 25.7°/mm;而对于 589.0nm 波长的单色光的旋光率 21.7°/mm;如使前一光线完全消除,后一种光线部分通过,则在两正交的偏振片间放置的石英晶片的最小厚度是多少?

解 在两正交的偏振片间放置一石英晶片,要求前一波长的光线完全消除,而且石英晶片的厚度最小,必须要使前一波长的光线经石英晶片后,其振动面旋转 180°,即旋光角 180°。

设石英晶片的厚度为 d,对于前一波长的光线,根据晶体旋光角公式

$$\varphi_1 = \alpha_1 \cdot d$$

得 $\qquad\qquad d = \dfrac{\varphi_1}{\alpha_1} = \dfrac{180°}{25.7} = 7.004\text{mm}$

对于后一波长的光线,经过厚度为 d 晶片后,旋光角为

$$\varphi_2 = \alpha_2 d = 21.7 \times 7.004 = 151.99°$$

后一波长的偏振光振动面与第二个偏振片透光轴不垂直,光部分通过,符合题意。

(张盛华)

第十三章 | 光的吸收与散射

一、基本要求

1. 掌握光的吸收规律，了解光电比色计的结构原理和分光光度计的工作原理。
2. 了解光散射的概念及规律。

二、要点精讲

（一）基本概念

1. 光的吸收　光通过物质时，它的强度将会有一定的减弱。这是因为一部分电磁辐射能量被原子、分子或悬浮粒子所散射，改变了行进方向；另一部分电磁能量被物体吸收，这两种原因所引起的效果都使光在行进方向上的强度降低，统称为光的吸收。

光的吸收分为一般吸收和选择吸收两类。

2. 分光光度法　利用物质对于不同波长的光有不同程度吸收的性质来对样品分析的方法叫分光光度法。有可见光、紫外吸收光分光光度法和红外吸收光分光光度法。

3. 光的散射　当光束通过存在不均匀性的介质时，光会向四面八方散开，这种现象通常称为光的散射。

4. 丁达尔散射　光通过浑浊介质所发生的散射现象称为丁达尔散射。

5. 瑞利散射　把线度小于光的波长的微粒对入射光的散射，称为瑞利散射。

6. 拉曼散射　在光的散射过程中，如果分子的状态也发生改变，则入射光与分子交换能量的结果可以导致散射光的频率发生改变，人们把这种现象称为拉曼散射。

7. 超显微镜　根据微粒对光的散射来观察微粒存在的显微镜称为超显微镜。

（二）基本公式与规律

1. 朗伯定律

$$I = I_0 e^{-\alpha l}$$

式中，I_0 是入射光的强度；I 为通过厚度为 l 的吸收溶液后透射光的强度。

2. 朗伯－比尔定律

$$I = I_0 e^{-\beta C l}$$

该定律适用条件：只有在单色光且溶液浓度不很大时才能成立。

3. 吸收度或光密度

$$A = -\lg T = -\lg \frac{I}{I_0}, \quad E = \beta \lg e$$

则朗伯－比尔定律可写成

$$A = ECl$$

式中，A 称为吸收度或光密度（用 D 表示）；$T = \dfrac{I}{I_0}$ 称为透光率；E 称为溶液的消光系数。

4. 比色分析法　让一定强度的单色光分别通过同种类、同厚度的标准溶液和待测溶液测定它们的消光，比较它们的消光，从已知浓度推求未知浓度的方法叫光电比色分析法，简称比色分析法。即

$$C_x = \frac{A_x}{A_0} C_0$$

式中，C_0、C_x 为两种溶液的已知浓度和未知浓度；A_0 为已知浓度溶液测定的消光。那么，只要测定了未知浓度溶液的消光 A_x，未知浓度 C_x 即可求出。在分析化学中常用的光电比色计就是根据此原理制成的。

5. 瑞利定律　散射光强与入射光波长的 4 次方成反比，或与入射光频率的 4 次方成正比，这一定律称为瑞利定律。即

$$I \propto 1/\lambda^4 \text{ 或 } I \propto \nu^4$$

6. 散射光的强度　物质的散射也使透射光变弱，散射光的强度为

$$I = I_0 e^{-hl}$$

式中，比例常数 h 称为散射系数。

7. 透射光强 I 与入射光强 I_0 的关系

$$I = I_0 e^{-(\alpha + h)l}$$

在很多情形下，吸收系数 α 和散射系数 h 二者中，一个往往比另一个小得多，因而可以忽略不计。但在有些情况下，两种作用都是同样重要的。

8. 散射光偏振

偏振度

$$P = \frac{I_z - I_y}{I_z + I_y}$$

反偏振度

$$\Delta = 1 - P = \frac{2I_y}{I_z + I_y}$$

三、习题与解答

1. 据朗伯 - 比尔定律，在光通过溶液的厚度不变的条件下，溶液的吸收度与浓度的关系曲线是什么形状？表 13 - 1 为比色法测定水中铁的含量时所得的数据。试做吸收度校正曲线，并由此求出电流计读数为 95 时某未知溶液中铁的含量。

表 13 - 1　测得水中铁含量

铁含量（%）	0	0.10	0.20	0.30	0.40	0.50
电流计读数	100	88	77	68	59.5	52.5

解　据朗伯 - 比尔定律，在光通过溶液的厚度不变的条件下，溶液的吸收度与浓度的关系曲线是正比例曲线。

吸收度校正曲线如图 13 - 1 所示。并由此得出电流计读数为 95 时某未知溶液中铁的含量约为 0.05%。

2. 光线经过厚度为 l，浓度为 C 的某种溶液，其透射光强度 I 与入射光强度 I_0 之比

是 1/3。如使溶液的厚度和浓度各增加一
倍，那么这个比值将是多少？

解 由朗伯 – 比尔定律，可知

$$I = I_0 e^{-\beta C_1 l_1}, \quad I_x = I_0 e^{-\beta C_x l_x}$$

$$\frac{I_x}{I_0} = e^{-\beta C_x l_x} = e^{-\beta \times 2C_1 \times 2l_1} = \left(e^{-\beta C_1 l_1} \right)^4$$

$$= \left(\frac{I}{I_0} \right)^4 = \frac{1}{81}$$

所以这个比值是 1/81。

3. 何谓瑞利散射？何谓拉曼散射？

解 线度小于光的波长的微粒对入射

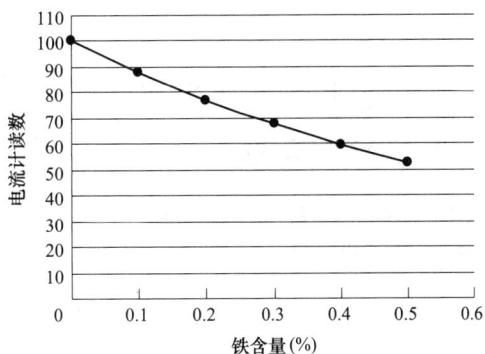

图 13 – 1

光的散射，称为瑞利散射。这种散射光的频率与入射光相同，散射光强与波长的 4 次
方成反比。

在光的散射过程中，如果分子的状态也发生改变，则入射光与分子交换能量的结
果可以导致散射光的频率发生改变，这种现象称为拉曼散射。

4. 散射光的强度遵从什么变化规律？

解 散射要使穿过厚度为 d 的物质的光在原来传播方向上的光强减弱，它遵从于
负指数规律变化。即

$$I = I_0 e^{-hl}$$

5. 实验测出某一介质的吸收系数为 20/m，已知这种吸收系数中实际上有 1/4 是由
散射引起的。问：如果消除了散射效应，光在这种介质中经过 3cm，光强将减弱到入射
光强的百分之几？

解 依题意有

$$\frac{I}{I_0} e^{-\alpha l} = e^{-15 \times 0.03} = 63.8\%$$

即光强将减弱到入射光强的 63.8%。

6. 一溶液的浓度为 C，用光电比色计测得透光率为 50%，若将此溶液稀释一倍，
问透光率变为多少？若将溶液的浓度变为 $2C$，则透光率又是多少？

解 由朗伯 – 比尔定律，可得

$$I_1 = I_0 e^{-\beta C_1 l} \quad 或 \quad \ln \frac{I_1}{I_0} = -\beta C_1 \cdot l$$

$$I_2 = I_0 e^{-\beta C_2 l} \quad 或 \quad \ln \frac{I_2}{I_0} = -\beta C_2 \cdot l$$

$$I_3 = I_0 e^{-\beta C_3 l} \quad 或 \quad \ln \frac{I_3}{I_0} = -\beta C_3 \cdot l$$

消去 β、l 后得

$$\ln \frac{I_2}{I_0} = \frac{C_2}{C_1} \times \ln \frac{I_1}{I_0} = \frac{1}{2} \times \ln 0.5$$

即

$$T_2 = \frac{I_2}{I_0} = 0.707$$

同理可得 $\qquad\qquad\qquad T_3 = \dfrac{I_3}{I_0} = 0.25$

透光率分别为 70.7% 和 25%。

四、补充练习题

1. 光线经过 1.50cm 厚的溶液，测得在 500nm 处的透光率为 50.0%，若此光通过 3.00cm 厚的此溶液，透光率为多少？若此溶液的消光系数为 4.62m²/mol，求此溶液的浓度。

解 根据朗伯 – 比尔定律 $I = I_0 e^{-\beta Cl}$ 和透光率公式 $T = \dfrac{I}{I_0}$ 得到

$$\frac{\ln T_2}{\ln T_1} = \frac{-\beta C l_2}{-\beta C l_1} = \frac{l_2}{l_1}$$

将 $l_1 = 1.50\text{cm}$，$l_2 = 3.00\text{cm}$，$T_1 = 50\%$ 代入可求得 $T_2 = 25\%$。

根据公式 $A = ECl$ 和 $A = -\lg T$，将 $E = 4.62\text{m}^2/\text{mol}$，$l = 3\text{cm}$ 代入可求得 $C = 4.34\text{mol}/\text{m}^3$。

2. 假定在白光中波长为 600nm 的橙光与 450nm 的蓝光具有相同的强度，问在瑞利散射光中两者光强之比是多少？

解 根据瑞利定律可知：散射光强与光波长的 4 次方成反比，而橙光的波长为 600nm，蓝光的波长为 450nm，所以这两者的散射光强之比为

$$\frac{I_{橙}}{I_{蓝}} = \frac{450^4}{600^4} = 0.32$$

（王勤）

第十四章 激　光

一、基本要求

1. 熟悉激光的特性。
2. 了解激光产生的原理，理解自发辐射、受激辐射与粒子数反转。
3. 了解激光器的基本组成。
4. 了解激光对生物组织的作用和在医药研究中的应用。

二、要点精讲

1. **激光的特性**　方向性好、亮度高、单色性好、相干性好以及偏振性好。

2. **激光产生的原理**

自发辐射：处于激发态的原子自发地从高能级 E_2 跃迁到低能级 E_1，同时发射光子，这一过程称为自发辐射。

受激辐射：对于物质中处于高能级 E_2 上的原子，如果在它发生自发辐射以前，受到频率 v 的外来光子的作用，就有可能在外来光子的影响下，发射出一个与外来光子相同的光子，而由高能级 E_2 跃迁到低能级 E_1 上。这种辐射不同于自发辐射，称为受激辐射。

粒子数反转：使处于高能级上的原子数 n_2 超过处于低能级上的原子数 n_1。由于这种状态与热平衡时原子的正常分布情况相反，即 $n_2 > n_1$，所以称为粒子数反转。

光学谐振腔：是产生激光的必要条件之一。两反射镜相互平行放置，且垂直于工作物质的轴线，这两片反射镜就构成一个光学谐振腔。它对光的方向和频率有选择性。

3. **激光器的结构**　工作物质和谐振腔结合在一起，在外界能源激励下，在满足阈值增益条件的情况下就可以产生激光。其三个组成部分的作用如下。

激活介质（工作物质）：具有适当的能级结构，能使受激辐射光放大。

光学谐振腔：维持光振荡。

激励能源：供给能量，使粒子数反转。

工作物质、激励能源和光谐振腔这三者是产生激光的基本条件，把它们组合在一起，就构成了激光器。

三、补充练习题

1. 世界上第一台激光器是（D）。

A. 氦氖激光器　　　　　　　B. 二氧化碳激光器

C. 钕玻璃激光器　　　　　　D. 红宝石激光器

E. 砷化镓结型激光器

2. 在激光器中利用光学谐振腔（C）。

A. 可提高激光束的方向性，而不能提高激光束的单色性

B. 可提高激光束的单色性，而不能提高激光束的方向性

C. 可同时提高激光束的方向性和单色性

D. 既不能提高激光束的方向性也不能提高其单色性

3. 激光全息照相技术主要是利用激光的哪一种优良特性（C）。

A. 亮度高　　　　　　　　　B. 方向性好

C. 相干性好　　　　　　　　D. 抗电磁干扰能力强

4. 按照原子的量子理论，原子可以通过自发辐射和受激辐射的方式发光，它们所产生的光的特点是（B）。

A. 两个原子自发辐射的同频率的光是相干的，原子受激辐射的光与入射光是不相干的

B. 两个原子自发辐射的同频率的光是不相干的，原子受激辐射的光与入射光是相干的

C. 两个原子自发辐射的同频率的光是不相干的，原子受激辐射的光与入射光是不相干的

D. 两个原子自发辐射的同频率的光是相干的，原子受激辐射的光与入射光是相干的

5. 在下列给出的各种条件中，哪些是产生激光的条件（BCDE）。

A. 自发辐射　　　　B. 受激辐射　　　　C. 粒子数反转

D. 三能级系统　　　　E. 谐振腔

（刘彦允）

第十五章 | 光的量子性

一、基本要求

1. 了解关于热辐射的几个基本概念，理解基尔霍夫辐射定律和绝对黑体的辐射规律。

2. 了解普朗克量子假说的内容以及它与经典理论的区别。

3. 掌握光电效应的基本规律和爱因斯坦的光子理论。

4. 理解康普顿效应的实验规律。

二、要点精讲

1. 关于热辐射的几个基本概念

（1）热辐射 是一切物体在任何温度下都以电磁波的形式向周围辐射能量的现象。

（2）平衡辐射 物体从外界吸收的能量等于因辐射而损失的能量时，热辐射达到平衡称为平衡辐射。

（3）单色辐出度 单位时间内从物体表面单位面积上所辐射出来的波长 λ 到 $\lambda + d\lambda$ 范围内的电磁波能量 $dM(T)$ 与波长间隔 $d\lambda$ 的比值称为单色辐出度。

$$M(\lambda, T) = \frac{dM(T)}{d\lambda} \quad (W/m^3)$$

（4）辐出度 单位时间内从物体表面单位面积所辐射出来的电磁波能量的总和，称为该物体的辐射出射度，简称辐出度。

$$M(T) = \int_0^\infty M(\lambda, T) d\lambda$$

（5）单色吸收率 物体在温度 T 时，对波长在 λ 到 $\lambda + d\lambda$ 范围内的电磁波，吸收的能量与入射总能量的比值，称为单色吸收率 $\alpha(\lambda, T)$。

（6）绝对黑体 物体在任何温度下，对任何波长的入射辐射能的吸收率都等于 1，则称这物体为绝对黑体。

2. 基尔霍夫辐射定律（适用于平衡热辐射） 任何物体的单色辐射度和单色吸收率之比值都等于同一温度下绝对黑体的单色辐出度，与物体的性质无关。即

$$\frac{M(\lambda, T)}{\alpha(\lambda, T)} = M_0(\lambda, T)$$

3. 绝对黑体的辐射定律 由实验可测得绝对黑体的单色辐出度按波长的分布曲线（见教材），从而得到关于绝对黑体热辐射的两条实验规律。

（1）斯特藩 – 玻耳兹曼定律 绝对黑体的单色辐出度与黑体温度 4 次方成正比，即

$$M_0(T) = \sigma T^4$$

式中，$\sigma = 5.6705 \times 10^{-8}\,\mathrm{W/(m^2 \cdot K^4)}$，称为斯特藩常量。

（2）维恩位移定律　当绝对黑体温度 T 升高时，单色辐射度的最大值向短波方向移动，即

$$T\lambda_m = b$$

式中，λ_m 为某温度 T 时，与最大单色辐出度对应的波长；常量 $b = 2.8978 \times 10^{-3}\,\mathrm{m \cdot K}$。

4. 普朗克量子假说　普朗克提出的假定是：对于一定频率 ν 的电磁辐射，物体只能以 $h\nu$ 为单位发射或吸收它，其中 h 是一个普适常量。换言之，物体发射或吸收电磁辐射只能以量子方式进行，每个能量子的能量为 $\varepsilon = h\nu$，其中 h 称为普朗克常量，量值为 $h = 6.6260755 \times 10^{-34}\,\mathrm{J \cdot s}$。

按量子假说，可推出普朗克公式

$$M_0(\lambda, T) = \frac{2\pi hc^2}{\lambda^5(e^{hc/\lambda kT} - 1)}$$

这一公式与实验结果符合得很好。

5. 光电效应

（1）光电效应　当光照射到某些金属表面上时，金属中的电子从照射光中吸收光能而从金属表面逸出，这种现象称为光电效应。

（2）根据爱因斯坦光子理论，每一光子的能量为 $\varepsilon = h\nu$，频率 ν 不同的光子具有不同的能量。金属中自有电了吸收一个光子能量，转化为光子的逸出功和电子的初动能，于是有爱因斯坦光电效应方程

$$h\nu = \frac{1}{2}mu_m^2 + A$$

式中，$h\nu$ 为光子能量；$\frac{1}{2}mu_m^2$ 是电子的最大初动能。因此有关系式 $\frac{1}{2}mu_m^2 = e\,|\,U_a\,|$，$U_a$ 称为遏止电势差或截止电势差；A 是金属的逸出功，$A = h\nu_0$；ν_0 称为光电效应截止频率。

6. 康普顿效应

（1）康普顿散射　在散射线中有与入射线波长 λ_0 相同的射线，也有波长 $\lambda > \lambda_0$ 的射线，这种波长变长的散射称为康普顿效应，也称为康普顿散射。

（2）康普顿散射公式

$$\Delta\lambda = \lambda - \lambda_0 = \frac{2h}{m_0 c}\sin^2\frac{\alpha}{2}$$

式中，λ_0 和 λ 分别表示入射和散射光的波长；m_0 为电子的静止质量；α 为散射角。

7. 光的波粒二象性

（1）光的波粒二象性　光的干涉与衍射现象说明光具有波动性，而光电效应和康普顿效应又表明光具有粒子性，所以光具有波粒二象性。

（2）描述光的波动性和粒子性的物理量间的关系

$$E = mc^2 = h\nu$$

$$P = mc = \frac{h\nu}{c} = \frac{h}{\lambda}$$

三、习题与解答

1. 将人体表面近似看成黑体。假定人体表面平均面积为 1.73m^2，表面温度为 $33℃ = 306\text{K}$，求人体辐射的峰值波长和总功率。

解 根据维恩位移定律 $\lambda_m T = b$ 得

$$\lambda_m = \frac{b}{T} = \frac{2.898 \times 10^{-3}}{306} = 9.47 \times 10^{-6}\text{m}$$

根据斯特藩－玻耳兹曼定律 $M(T) = \sigma T^4$

人体表面的总辐出度为 $M(T) = 5.67 \times 10^{-8} \times 306^4 = 497\text{W/m}^2$

人体表面在单位时间内向外界辐射的总能量（即辐射总功率）为

$$M_{总} = M(T) \cdot S = 497 \times 1.73 \approx 860\text{W}$$

2. 夜间地面降温主要是由于地面的热辐射。如果晴天夜里温度为 $-5℃$，按黑体辐射计算，每平方米地面失去热量的速率是多少？

解 每平方米地面失去能量的速率即地面的辐射出射度

$$M = \sigma T^4 = 5.67 \times 10^{-8} \times 268^4 = 292\text{W/m}^2$$

3. 在地球表面，太阳光的强度为 $1.0 \times 10^3\text{W/m}^2$。地球轨道半径以 $1.5 \times 10^8\text{km}$ 计，太阳半径以 $7.0 \times 10^8\text{m}$ 计，并视太阳为黑体，试估算太阳表面的温度。

解 太阳发出的能量全部通过以地球太阳为半径的球面，因此可以求出太阳的辐出度 $M = \dfrac{4\pi R_E^2 I}{4\pi R_S^2} = \sigma T^4$，所以太阳表面温度为

$$T = \sqrt[4]{\frac{R_E^2 I}{R_S^2 \sigma}} = \sqrt[4]{\frac{(1.5 \times 10^{11})^2 \times 1.0 \times 10^3}{(7.0 \times 10^8)^2 \times 5.67 \times 10^{-8}}} = 5.3 \times 10^3\text{K}$$

4. 有一内部温度为 $210℃$ 的烤箱放在温度为 $26℃$ 的房间里。（1）求烤箱辐射光谱中对应的最大波长 λ_m；（2）若在烤箱表面开一面积为 3.0cm^2 的小孔，求烤箱经小孔给房间辐射的净功率。

解 将烤箱和房间均看作黑体

（1）根据维恩位移定律 $\lambda_m = \dfrac{b}{T}$ 得烤箱辐射光谱中单色辐射度最大值所对应的波长为

$$\lambda_m = \frac{b}{T} = \frac{2.898 \times 10^{-3}}{210 + 273} = 6.00 \times 10^{-6}\text{m}$$

（2）根据斯特藩－玻耳兹曼定律 $M_0(T) = \sigma T^4$，单位面积黑体辐射功率是 $M_0(T)$，由面积为 S 的表面，辐射的功率为 $P = M_0(T) \cdot S$，因此

温度为 T_1 的烤箱经小孔辐射给房间的功率为 $P_1 = \sigma T_1^4 \cdot S$

温度为 T_2 的房间经小孔辐射给烤箱的功率为 $P_2 = \sigma T_2^4 \cdot S$

则烤箱经小孔辐射给房间的净功率为

$$P = P_1 - P_2 = \sigma S(T_1^4 - T_2^4)$$

$$= 5.67 \times 10^{-8} \times 3.0 \times 10^{-4} \times \left[(210 + 273)^4 - (26 + 273)^4 \right] = 0.789\text{W}$$

5. 用辐射高温计测得炉壁小孔的辐射度为 28.3W/cm^2，求炉内温度。

解 将炉壁小孔视为绝对黑体，由斯特藩－玻尔兹曼定律 $M(T) = \sigma T^4$

其中 $\sigma = 5.67 \times 10^{-8} \mathrm{W/m^2 \cdot K^4}$

将已知条件 $M(T) = 28.3 = 28.3 \times 10^4 \mathrm{W/m^2}$ 代入，得炉内温度

$$T = \sqrt[4]{\frac{M(T)}{\sigma}} = \sqrt[4]{\frac{28.3 \times 10^4}{5.67 \times 10^{-8}}} = 1.49 \times 10^3 \mathrm{K}$$

6. 某黑体在 $\lambda_m = 680\mathrm{nm}$ 处辐射最强，若加热该黑体使 λ_m 变化到 $540\mathrm{nm}$，求两种情况下辐射度之比。

解 根据维恩位移定律 $\quad T\lambda_m = b$

所以有 $T_1\lambda_{m_1} = T_2\lambda_{m_2}$，因而

$$\frac{T_1}{T_2} = \frac{\lambda_{m_2}}{\lambda_{m_1}}$$

又根据斯特藩－玻尔兹曼定律 温度为 T 时的辐出度为 $\quad M(T) = \sigma T^4$

所以有 $\quad \dfrac{M(T_2)}{M(T_1)} = \left(\dfrac{T_2}{T_1}\right)^4 = \left(\dfrac{\lambda_{m_1}}{\lambda_{m_2}}\right)^4 = \left(\dfrac{0.68 \times 10^{-6}}{0.54 \times 10^{-6}}\right)^4 = 2.52$

7. 在光电效应实验中，有一学生测得某金属的遏止电压 U_c 的绝对值 $|U_c|$ 和入射光波长 λ 有下列对应的关系。

$|U_c|$（V）	1.30	2.10	3.00
λ_m（m）	3.50×10^{-7}	2.90×10^{-7}	2.04×10^{-7}

用作图法求：（1）普朗克恒量 h 与电子电量 e 之比 h/e；（2）该金属光电效应的截止频率；（3）该金属的逸出功 A。

解 （1）根据爱因斯坦光电效应方程 $h\nu = eU_a + A$，可得 $U_a = \dfrac{h\nu}{e} - \dfrac{A}{e}$，以 U_a 为纵坐标，ν 为横坐标 $\left(\nu = \dfrac{c}{\lambda}\right)$，则上式表示的是斜率为 $\dfrac{h}{e}$ 的一直线轨迹。

由已知条件列出下表，并用描点法做出直线。

$|U_a|$（V）	1.30	2.10	3.10
λ（m）	3.50×10^{-7}	2.90×10^{-7}	2.40×10^{-7}
$\nu = \dfrac{c}{\lambda}$（Hz）	8.57×10^{14}	10.3×10^{14}	12.5×10^{14}

任取两点求斜率，则

$$h/e = \frac{\Delta U_a}{\Delta \nu} = \frac{3.10 - 2.10}{(12.5 - 10.3) \times 10^{14}} = 4.5 \times 10^{-15} \mathrm{J \cdot s/C}$$

（2）光电效应的红限相应于电子所吸收的能量全部消耗于电子的逸出功时的入射光频率；从图上看（图略），$U_a = 0$ 时，对应的 ν_0 点，即 $\nu_0 = 5.00 \times 10^{14} \mathrm{Hz}$ 为金属的截止频率。

（3）又由直线方程 $U_a = \dfrac{h}{e}\nu - \dfrac{A}{e}$ 可知，该直线的截距为 $\dfrac{-A}{e} = -2.0\mathrm{V}$。

故逸出功 $A = 2.0\mathrm{eV}$

8. 有波长为 $2.0 \times 10^{-7}\mathrm{m}$ 的光投射到铝表面，若从铝中移走一个电子需要 $4.2\mathrm{eV}$ 的

能量，试求：（1）发射出的光电子的最大动能是多少？（2）截止电压是多少？（3）铝的截止波长是多少？

解 （1）由爱因斯坦光电效应方程 $h\nu = \dfrac{1}{2}mu^2 + A$，可得光电子的最大动能为

$$E_{max} = \frac{1}{2}mu_{max}^2 = h\nu - A = hc/\lambda - A$$

$$= \frac{6.63 \times 10^{-34} \times 3 \times 10^8}{2.0 \times 10^{-7}} - 4.2 \times 1.6 \times 10^{-19} = 3.23 \times 10^{-19}\text{J} = 2.02\text{eV}$$

（2）由 $eU_a = E_{max} = \dfrac{1}{2}mu_{max}^2$，得铝的截止电压为

$$U_a = \frac{E_{max}}{e} = \frac{3.23 \times 10^{-19}}{1.6 \times 10^{-19}} = 2.02\text{V}$$

（3）当调到截止电势差时，发射的光电子动能为零，由 $h\nu = A$，又 $v_0 = \dfrac{c}{\lambda_0}$ 得铝的截止波长为

$$\lambda_0 = \frac{hc}{A} = \frac{6.63 \times 10^{-34} \times 3 \times 10^8}{4.2 \times 1.60 \times 10^{-19}} = 2.96 \times 10^{-7}\text{m}$$

9. 在一定条件下，人眼视网膜能够对 5 个蓝绿光光子（$\lambda = 5.0 \times 10^{-7}$ m）产生光的感觉，此时视网膜上接收的光能量为多少？如果每秒钟都能吸收 5 个这样的光子，到达眼睛的功率为多少？

解 5 个蓝绿光光子的能量为

$$E = nh\nu = n\frac{hc}{\lambda} = \frac{5 \times 6.63 \times 10^{-34} \times 3 \times 10^8}{5.0 \times 10^{-7}} = 1.99 \times 10^{-18}\text{J}$$

若每秒钟都能吸收 5 个这样的光子，则到达眼睛的功率为

$$P = \frac{E}{t} = \frac{1.99 \times 10^{-18}}{1} = 1.99 \times 10^{-18}\ \text{W}$$

10. X 射线光子的能量为 1.0×10^{-13} J，发生康普顿散射之后，其波长变化了 20%，求：（1）散射 X 射线的波长；（2）反冲电子获得的能量。

解 （1）入射 X 射线光子的能量 $E = h\nu_0 = h\dfrac{c}{\lambda_0}$

入射 X 射线的波长 $\lambda_0 = \dfrac{hc}{E} = \dfrac{6.6 \times 10^{-34} \times 3.0 \times 10^8}{1.0 \times 10^{-13}} = 1.98 \times 10^{-12}$ m

散射变长 X 射线的波长 $\lambda = \lambda_0 + 0.2\lambda_0 = 1.2\lambda_0 = 1.2 \times 1.98 \times 10^{-12}$
$$= 2.34 \times 10^{-12}\text{m}$$

在该散射方向上，X 射线的波长有 $\lambda_0 = 1.98 \times 10^{-12}$ m（原波长）和 $\lambda = 2.34 \times 10^{-12}$ m 两种。

（2）反冲电子获得的能量

$$E = mc^2 - m_0c^2 = \frac{hc}{\lambda_0} - \frac{hc}{\lambda} = \left(\frac{1}{\lambda_0} - \frac{1}{\lambda}\right)hc$$

$$= \left(\frac{1}{1.98 \times 10^{-2}} - \frac{1}{2.34 \times 10^{-12}}\right) \times 6.6 \times 10^{-34} \times 3.3 \times 10^8 = 1.65 \times 10^{-14}\text{J}$$

四、补充练习题

1. 太阳的总辐射功率为 $P_s = 3.9 \times 10^{26} \, \text{W}$,

(1) 以 r 表示行星绕太阳运行的轨道半径。试根据热平衡的要求证明：行星表面的温度 T 由下式给出

$$T^4 = \frac{P_s}{16\pi\sigma r^2}$$

其中，σ 为斯特藩 - 波尔兹曼常量（行星辐射按黑体计）。

(2) 用上式计算地球和冥王星的表面温度，已知地球 $r_E = 1.5 \times 10^{11} \, \text{m}$，冥王星 $r_P = 5.9 \times 10^{12} \, \text{m}$。

解 (1) 以 R 表示行星半径，则吸热功率为 $P_{ab} = \dfrac{P_s}{4\pi r^2}\pi R^2$，放热功率为 $P_{ij} = \sigma T^4 4\pi R^2$，热平衡时，$P_{ab} = P_{ij}$，即 $\dfrac{P_s}{4\pi r^2}\pi R^2 = \sigma T^4 4\pi R^2$，由此得

$$T^4 = \frac{P_s}{16\pi\sigma r^2}$$

(2) $T_E = \left[\dfrac{3.9 \times 10^{26}}{16\pi \times 5.67 \times 10^{-8} \times (1.5 \times 10^{11})^2} \right]^{\frac{1}{4}} = 279\text{K}$

$T_p = \left[\dfrac{3.9 \times 10^{26}}{16\pi \times 5.67 \times 10^{-8} \times (5.9 \times 10^{12})^2} \right]^{\frac{1}{4}} = 45\text{K}$

2. 用波长 400nm 的紫光照射金属表面时，产生的光电子速度为 $5 \times 10^5 \text{m/s}$。试求光电子的动能和光电效应的截止频率。

解 光电子的动能

$$E_k = \frac{1}{2}mu_m^2 = \frac{1}{2} \times 0.91 \times 10^{-30} \times (5 \times 10^5)^2$$

$$= 1.14 \times 10^{-19}\text{J} = 0.71\text{eV}$$

截止频率 $\quad \nu_0 = \dfrac{A}{h} = \dfrac{h\nu - E_k}{h}$

$$= \frac{6.63 \times 10^{-34} \times \dfrac{3 \times 10^8}{4 \times 10^{-7}} - 1.14 \times 10^{-19}}{6.63 \times 10^{-34}}$$

$$= 5.78 \times 10^{14}\text{Hz}$$

3. 金属钨的逸出功为 $7.2 \times 10^{-19} \text{J}$。分别用频率为 $7 \times 10^{14} \text{Hz}$ 的紫光和频率为 $5 \times 10^{15} \text{Hz}$ 的紫外光照射金属钨的表面，问能否产生光电效应？

解 由爱因斯坦光电效应方程

$$h\nu = A + \frac{1}{2}mu_m^2$$

可知，能使金属钨产生光电效应的截止频率为

$$\nu_0 = \frac{A}{h} = \frac{7.2 \times 10^{-19}}{6.63 \times 10^{-34}} = 1.09 \times 10^{15}\text{Hz}$$

所用的紫光频率 7×10^{14} Hz 小于 ν_0 值，故不能产生光电效应；而题中紫外光的频率大于 ν_0 值，所以可以产生光电效应。

4. 已知钠的逸出功为 2.486eV，则：（1）钠产生光电效应的红限波长是多少？（2）用波长为 $\lambda = 400$nm 的紫光照射钠时，钠所放出的光电子的最大初速度为多大？

解　（1）截止频率为 $\nu_0 = \dfrac{A}{h}$，所以红限波长为

$$\lambda = \frac{C}{\nu_0} = \frac{hc}{A} = \frac{6.63 \times 10^{-34} \times 3 \times 10^{8}}{2.486 \times 1.6 \times 10^{-19}}$$
$$= 5.0 \times 10^{-7} \text{m}$$

（2）由爱因斯坦光电效应方程，有

$$\frac{1}{2}mu_m^2 = h\nu - A = \frac{hc}{\lambda} - A$$

所以　$u_m = \left[\dfrac{2\left(\dfrac{hc}{\lambda} - A\right)}{m}\right]^{\frac{1}{2}} = \left[\dfrac{2 \times \left(\dfrac{6.63 \times 10^{-34} \times 3 \times 10^{8}}{400 \times 10^{-9}} - 2.486 \times 1.6 \times 10^{-19}\right)}{0.91 \times 10^{-30}}\right]^{\frac{1}{2}}$

$$= 4.676 \times 10^{5} \text{m/s}$$

5. 试求下列光子的能量、动量和动质量。

（1）$\lambda = 700$nm 的红光；

（2）$\lambda = 500$nm 的可见光。

解　光子的能量 $E = h\nu = \dfrac{hc}{\lambda}$，动量 $P = \dfrac{h}{\lambda}$，动质量 $m = \dfrac{E}{c^2} = \dfrac{h}{c\lambda}$。因此

（1）当 $\lambda_1 = 700$nm 时

$$E_1 = \frac{hc}{\lambda_1} = \frac{6.63 \times 10^{-34} \times 3 \times 10^{8}}{700 \times 10^{-9}}$$
$$= 2.84 \times 10^{-19} \text{J}$$

$$P_1 = \frac{h}{\lambda_1} = \frac{6.63 \times 10^{-34}}{700 \times 10^{-19}}$$
$$= 9.47 \times 10^{-28} \text{kg} \cdot \text{m/s}$$

$$m_1 = \frac{h}{c\lambda_1} = \frac{6.63 \times 10^{-34}}{3 \times 10^{8} \times 700 \times 10^{-9}}$$
$$= 3.16 \times 10^{-36} \text{kg}$$

（2）当 $\lambda_2 = 500$nm 时，$\lambda_2 = \dfrac{5}{7}\lambda_1$，因此

$$E_2 = \frac{7}{5}E_1 = 3.98 \times 10^{-19} \text{J}$$

$$P_2 = \frac{7}{5}P_1 = 1.33 \times 10^{-27} \text{kg} \cdot \text{m/s}$$

$$m_2 = \frac{7}{5}m_1 = 4.42 \times 10^{-36} \text{kg}$$

（陈曙）

第十六章 相对论基础

一、基本要求

1. 掌握爱因斯坦狭义相对论的两条基本假设。

2. 掌握洛伦兹变换和长度收缩、时间膨胀公式，了解经典力学时空观和狭义相对论时空观以及两者的差异和联系。

3. 理解洛伦兹速度变换式；理解狭义相对论中同时性的相对性和时序的相对性；了解孪生子佯谬和因果佯谬的结论。

4. 掌握狭义相对论的质量和动量与速度的关系式；熟悉相对论动力学基本方程。

5. 理解相对论中关于静能、总能量、动能、原子核的结合能与质量亏损等概念，掌握质能关系式，会求核反应中的质量亏损和结合能。

6. 熟悉能量和动量的关系式，掌握光子的能量、动量和质量公式。

7. 了解广义相对论中的两条基本原理。

二、要点精讲

（一）爱因斯坦狭义相对论的两条基本假设

1. 相对性原理 物理学定律在所有的惯性系中都是相同的，所有惯性系都是等价的，不存在特殊的绝对的惯性系。

2. 光速不变原理 在所有的惯性系中，光在真空中的传播速率具有相同的量值 c。

（二）洛伦兹变换

设惯性系 S' 以速度 u 相对于惯性系 S 沿 x 轴正向运动。在 $t=t'=0$ 时刻，两坐标系相应坐标轴重合。在 S 和 S' 系中，测得同一事件的两组时空坐标分别为 (x, y, z, t) 和 (x', y', z', t')，则两组坐标关系为

$$\begin{cases} x' = \gamma(x - ut) \\ y' = y \\ z' = z \\ t' = \gamma\left(t - \dfrac{u}{c^2}x\right) \end{cases} \quad \text{或} \quad \begin{cases} x = \gamma(x' + ut') \\ y = y' \\ z = z' \\ t = \gamma\left(t' + \dfrac{u}{c^2}x'\right) \end{cases}$$

式中，$\gamma = \dfrac{1}{\sqrt{1 - u^2/c^2}}$。

当时 $u \ll c$ 时，$\gamma \to 1$，此时洛伦兹变换过渡到下面的伽利略变换。

$$\begin{cases} x' = x - ut \\ y' = y \\ z' = z \\ t' = t \end{cases} \quad \text{或} \quad \begin{cases} x' = x' + ut' \\ y = y' \\ z = z' \\ t = t' \end{cases}$$

这说明，伽利略变换是洛伦兹变换在低速下的极限形式。

（三）洛伦兹速度变换式

$$\begin{cases} v'_x = \dfrac{v_x - u}{1 - \dfrac{uv_x}{c^2}} \\[4mm] v'_y = \dfrac{v_y}{\gamma\left(1 - \dfrac{uv_x}{c^2}\right)} \\[4mm] v'_z = \dfrac{v_z}{\gamma\left(1 - \dfrac{uv_x}{c^2}\right)} \end{cases} \quad \text{或} \quad \begin{cases} v_x = \dfrac{v'_x + u}{1 + \dfrac{uv'_x}{c^2}} \\[4mm] v_y = \dfrac{v'_y}{\gamma\left(1 + \dfrac{uv'_x}{c^2}\right)} \\[4mm] v_z = \dfrac{v'_z}{\gamma\left(1 + \dfrac{uv'_x}{c^2}\right)} \end{cases}$$

（四）相对论运动学主要结论

1. 长度收缩（长度的相对性） 设一刚性棒相对 S' 系静止，沿 $O'x'$ 轴放置，S' 系中棒长为 $L_0 = x'_2 - x'_1$ 称为固有长度（与被测对象相对静止的参考系中测得的长度）。由洛伦兹变换得在 S 系（与被测对象有相对运动的参考系）中测得棒长为

$$L = L_0 \sqrt{1 - \frac{u^2}{c^2}} = \frac{1}{\gamma} L_0$$

因为 $L < L_0$，所以在 S 系中观测，棒（物体）沿运动方向的长度缩短了，称此为相对论长度收缩效应。

2. 时间延缓（时间的相对性） S' 系中，同一地点发生的两事件时间间隔为 $\Delta t' = t'_2 - t'_1 = \tau_0$，称为固有时间。则 S 系中测得此两事件的时间间隔为

$$\Delta t = t_2 - t_1 = \gamma \Delta t' = \gamma \tau_0$$

因为 $\Delta t > \tau_0$，所以相对于事件发生地点运动的参考系中测得的时间间隔延长了，或者说时间膨胀了，也可以说运动的时钟变慢了。

3. 同时性的相对性 设 S 系中，有两个事件分别在 x_1 和 x_2 两点处同时发生，根据洛伦兹变换，可推出在 S' 系中观测这两个事件发生的时间间隔为

$$\Delta t' = t'_2 - t'_1 = \gamma \frac{u}{c^2}(x_1 - x_2)$$

上式表明，只有当 $x_1 = x_2$ 时，才有 $\Delta t' = t'_2 - t'_1 = 0$。即只有在一个惯性系 S 中同时同地发生的事件，在另一个惯性系 S' 中才是同时发生的；而在一般情况下，对于一个观测者是同时发生的两个事件，对另一个观测者就不一定是同时发生的了，即同时性具有相对性。

4. 时序的相对性 设 S 系中，有两个事件 A 和 B 分别于 t_1 时刻在 x_1 点处发生和 t_2 时刻在 x_2 点处发生，根据洛伦兹变换，可推出在 S' 系中观测这两个事件发生的时间间隔为

$$\Delta t' = t_2' - t_1' = \gamma \ (t_2 - t_1) \ - \gamma \frac{u}{c^2}(x_2 - x_1)$$

设 $\Delta t = t_2 - t_1 > 0$，即在 S 系中事件 A 先于 B 发生。则 S' 系中，事件 A 和 B 的时序会有以下三种可能：

（1）当 $\Delta t' = t_2' - t_1' > 0$ 时，时序不变，事件 A 仍先于 B 发生；

（2）当 $\Delta t' = t_2' - t_1' = 0$ 时，事件 A 与 B 同时发生；

（3）当 $\Delta t' = t_2' - t_1' < 0$ 时，时序颠倒，事件 B 先于 A 发生。

（五）相对论动力学主要结论

1. 相对论质量

$$m = \frac{m_0}{\sqrt{1 - \dfrac{v^2}{c^2}}} = \gamma m_0$$

式中，m_0 为物体的静止质量，m 为物体以速度 v 运动时的质量。

2. 相对论动量

$$\boldsymbol{p} = mv = \frac{m_0 v}{\sqrt{1 - \dfrac{v^2}{c^2}}} = \gamma m_0 v$$

式中，m 是物体的相对论质量，v 是物体的速度。

3. 相对论动力学的基本方程

$$\boldsymbol{f} = \frac{\mathrm{d}\boldsymbol{p}}{\mathrm{d}t} = \frac{\mathrm{d}}{\mathrm{d}t}(mv) = m\frac{\mathrm{d}v}{\mathrm{d}t} + v\frac{\mathrm{d}m}{\mathrm{d}t}$$

式中，$\boldsymbol{f}$ 为物体受的合外力。

4. 质能关系

（1）物体的总能量　　　　　$E = mc^2$

（2）静能量　　　　　$E_0 = m_0 c^2$

（3）动能　　　　　$E_K = E - E_0 = mc^2 - m_0 c^2$

（4）原子核的结合能　　　　　$E_B = Bc^2$

5. 能量和动量的关系　　　$E^2 = m_0^2 c^4 + P^2 c^2 = E_0^2 + P^2 c^2$

6. 光子的能量、动量和质量

对光子，$m_0 = 0$，$v = c$，故得

（1）光子动量　　　　　$P = mc = \dfrac{E}{c} = \dfrac{h\nu}{c} = \dfrac{h}{\lambda}$

（2）光子能量　　　　　$\begin{cases} E = mc^2 = Pc \\ E = h\nu \end{cases}$

（3）光子质量　　　　　$m = \dfrac{E}{c^2} = \dfrac{h\nu}{c^2}$

三、习题与解答

1. 两宇宙飞船 A 和 B 静止在地球上的长度是 18m，设两飞船分别以 $0.5c$ 和 $-0.6c$

的速度平行于地面向相反方向飞行，求：

（1）飞船 B 上的宇航员测得飞船 A 的速度和长度各是多少？

（2）在地面上观测者看来，两飞船的"相对速度"是多少？

解 （1）取地球为 S 系，飞船 B 为 S' 系。依题意飞船 A 在 S 系中的速度为 $v_x = v_A = 0.5c$，飞船 B 相对 S 的速度 $u = v_B = -0.6c$，根据速度变换关系，在飞船 B 上测得 A 的速度为

$$v_x' = \frac{v_x - u}{1 - \frac{uv_x}{c^2}} = \frac{0.5c + 0.6c}{1 + 0.5 \times 0.6} = 0.846c$$

由已知，飞船 A 的固有长度为 $L_0 = 18\text{m}$，现 A 对 B 以速度 $u = v_x' = 0.846c$ 运动，故飞船 B 上测得飞船 A 的长度为

$$L = \frac{1}{\gamma}L_0 = L_0\sqrt{1 - \left(\frac{u}{c}\right)^2} = 18 \times \sqrt{1 - (0.846)^2} = 9.59\text{m}$$

（2）相对地面，两飞船的距离将以 $0.5c + 0.6c = 1.1c$ 的速率增加，即地面上的观测者看来，两飞船的相对速度为 $1.1c$。

2. 有一原子核相对于实验室以 $0.6c$ 的速度运动，在运动方向上发射一电子，电子相对于核的速度为 $0.8c$；又在相反方向发射一光子。求：

（1）实验室中电子的速度；

（2）实验室中光子的速度。

解 （1）设实验室为"静止"参考系 S，原子核为参考系 S'。由题可知，$u = 0.6c$，$v_x' = 0.8c$。根据洛伦兹速度变换式，可得实验室中电子的速度为

$$v_x = \frac{v_x' + u}{1 + \frac{uv_x'}{c^2}} = \frac{0.8c + 0.6c}{1 + \frac{0.6c \times 0.8c}{c^2}} = \frac{1.4c}{1 + 0.48} = 0.946c$$

（2）依题意光子对原子核的速度 $v_x' = -c$，代入洛伦兹速度变换式，可得实验室中光子的速度为

$$v_x = \frac{v_x' + u}{1 + \frac{uv_x'}{c^2}} = \frac{-c + 0.6c}{1 + \frac{0.6c \times (-c)}{c^2}} = \frac{-0.4c}{1 - 0.6} = -c$$

3. 地球绕太阳轨道运动的速度为 $3 \times 10^4\text{m/s}$，地球直径为 $1.27 \times 10^7\text{m}$，计算相对论长度收缩效应引起的地球直径在运动方向上的减少量。

解 设太阳为参考系 S，地球为以速度 $u = 3 \times 10^4\text{m/s}$ 相对 S 运动的参考系 S'。由题可知，地球直径的固有长度为 $L_0 = 1.27 \times 10^7\text{m}$。根据相对论长度收缩效应

$$L = \frac{L_0}{\gamma}$$

有地球直径在运动方向上的减少量为

$$L_0 - L = L_0 - \frac{L_0}{\gamma}$$

$$= 1.27 \times 10^7 \times (1 - \sqrt{1 - 10^{-8}}) = 6.35 \times 10^{-2}\text{m}$$

可见，此减少量极少。

4. 地面观测者测定某火箭通过地面上相距 120km 的两城市花了 5×10^{-4}s，求火箭观测者测定的两城市空间距离和飞越时间间隔。

解 设地面参考系为 S，火箭参考系为 S'，由题可知，两城市相距的固有长度 $L_0 = 120$km，火箭飞跃两城市的时间间隔为 $\tau = 5 \times 10^{-4}$s。故火箭相对 S 系的速度为

$$u = \frac{L_0}{\tau} = \frac{120 \times 10^3}{5 \times 10^{-4}} = 2.4 \times 10^8 \text{m/s}$$

根据狭义相对论长度收缩效应，可得火箭测得两城市间距为

$$L = \frac{L_0}{\gamma} = \frac{120}{1/\sqrt{1 - u^2/c^2}} = 120 \times 0.6 = 72 \text{km}$$

再由相对论时间延缓效应，可求火箭参考系中的固有时间为

$$\tau_0 = \frac{\tau}{\gamma} = 5 \times 10^{-4} \times 0.6 = 3 \times 10^{-4} \text{s}$$

5. 有一短跑选手，在地球上以 10s 的时间跑完了 100m。在飞行速度为 $0.98c$，飞行方向与跑动方向相反的飞船中观察者看来，这选手跑了多长时间和多长距离？

解 设地球为静止参考系 S，飞船为运动参考系 S'，以人跑速度方向为正，根据洛伦兹变换，可得在 S' 系中跑的距离为

$$\Delta x' = \frac{\Delta x - u\Delta t}{\sqrt{1 - \left(\frac{u}{c}\right)^2}} = \frac{100 - (-0.98c) \times 10}{\sqrt{1 - \left(\frac{0.98c}{c}\right)^2}} = 1.48 \times 10^{10} \text{m}$$

跑的时间为

$$\Delta t' = \frac{\Delta t - \frac{u\Delta x}{c^2}}{\sqrt{1 - \left(\frac{u}{c}\right)^2}} = \frac{10 + \frac{0.98c \times 100}{c^2}}{\sqrt{1 - \left(\frac{0.98c}{c}\right)^2}} = 50.25 \text{s}$$

6. 远方一颗星体，以 $0.80c$ 的速度离开我们，我们接受到它辐射出来的闪光按 5 昼夜的周期变化，求固定在这星体上的参考系测得的闪光周期。

解 设"我们"为 S 参考系，固定在星体上的参考系为 S' 系。根据题意，$u = 0.80c$，自我们的 S 系测得的闪光周期为 $\Delta t = 5$ 昼夜，而 S' 系测得的闪光周期 $\Delta t'$ 即为固有时间 τ_0。由相对论时间延缓效应可得

$$\Delta t = \gamma \tau_0$$

即

$$\tau_0 = \frac{\Delta t}{\gamma} = \sqrt{1 - \left(\frac{u}{c}\right)^2} \times 5 = 3 \text{ 昼夜}$$

7. 1947 年，在用乳胶研究高空宇宙射线时，发现了一种不稳定的粒子称为 π 介子，其质量约为电子质量的 273.12 倍。π 介子静止时的平均寿命为 2.60×10^{-8}s，设用高能加速器使其获得 $u = 0.75c$ 的速度。求：

(1) 在实验室中测定的 π 介子寿命增加到多少？

(2) 在实验室中测定的 π 介子衰变前走过的平均距离是多少？

解 (1) 由已知 π 介子静止时的平均寿命为 $\tau_0 = 2.60 \times 10^{-8}$s，故 $u = 0.75c$ 时的平均寿命为

$$\tau = \gamma\tau_0 = \frac{1}{\sqrt{1 - \dfrac{u^2}{c^2}}}\tau_0 = \frac{2.60 \times 10^{-8}}{\sqrt{1 - (0.75)^2}} = 3.93 \times 10^{-8} \text{s}$$

（2）依题意，π 介子在 τ 时间内飞行距离为

$$L = u\tau = 0.75 \times 3 \times 10^8 \times 3.93 \times 10^{-8} = 8.84 \text{m}$$

8. 一个在实验室中以 $0.80c$ 的速度运动的粒子，飞行 3m 后衰变，按这实验室中观测者的测量，该粒子存在了多长时间？由一个与该粒子一起运动的观测者测量，这粒子衰变前存在了多长时间？

解 设实验室为 S 参考系，与粒子一起运动的观测者为 S' 参考系，因为粒子在 S' 系中相对静止，所以在 S' 系中测得的时间 $\Delta t = \Delta\tau_0$ 为固有时间。又根据题意，在 S 系中测得粒子的存在时间为

$$\Delta t = \frac{\Delta x}{u} = \frac{3}{0.8c} = 1.25 \times 10^{-8} \text{s}$$

由此可得 $\quad \Delta t' = \tau_0 = \dfrac{\Delta t}{\gamma} = \sqrt{1 - \left(\dfrac{u}{c}\right)^2} \times 1.25 \times 10^{-8} = 7.5 \times 10^{-9} \text{s}$

9. 已知某物体静止质量为 1kg，试问：

（1）当它相对于观测者以速率 $v_1 = 3.000 \times 10^7 \text{m/s}$ 运动时，其质量是多少？按牛顿力学和相对论力学的动能各为多少？

（2）当它相对于观测者以速率 $v_2 = 2.760 \times 10^8 \text{m/s}$ 运动时，前一问的结果如何？

（3）当观测者随物体一起运动时，结果又如何？

解 （1）根据相对论质量公式

$$m_1 = \frac{m_0}{\sqrt{1 - \left(\dfrac{v_1}{c}\right)^2}} = \frac{1}{0.995} = 1.005 \text{kg}$$

按牛顿力学 $\quad E_k = \dfrac{1}{2}m_0 v_1^2 = \dfrac{1}{2} \times 1 \times (3 \times 10^7)^2 = 4.500 \times 10^{14} \text{J}$

按相对论力学 $\quad E_k = (m_1 - m_0)c^2 = 0.005 \times (3 \times 10^8)^2 = 4.500 \times 10^{14} \text{J}$

（2）根据相对论质量公式

$$m_2 = \frac{m_0}{\sqrt{1 - \left(\dfrac{v_2}{c}\right)^2}} = \frac{1}{0.3919} = 2.552 \text{kg}$$

按牛顿力学 $\quad E_k = \dfrac{1}{2}m_0 v_2^2 = \dfrac{1}{2} \times 1 \times (2.76 \times 10^8)^2 = 3.809 \times 10^{16} \text{J}$

按相对论力学 $\quad E_k = (m_2 - m_0)c^2 = 1.552 \times (3 \times 10^8)^2 = 1.397 \times 10^{17} \text{J}$

（3）此时该问题无相对论效应。

10. 试求由一个质子（静质量 $m_{0p} = 1.007277 \text{u}$）和一个中子（静质量 $m_{0n} = 1.008665 \text{u}$）结合成一个氘核（静质量 $m_{0d} = 2.013553 \text{u}$）的结合能。并计算聚合成 1kg 氘核所能释放出来的能量。（原子质量单位 $1\text{u} = 1.66054 \times 10^{-27} \text{kg}$）

解 一个质子和一个中子结合成一个氘核时，其质量亏损为

$$B = (m_{0p} + m_{0n}) - m_{0d} = [(1.007277 - 1.008665) - 2.013553] \times 1.66054 \times 10^{-27} \text{kg}$$

$$= 3.967 \times 10^{-30} \text{kg}$$

所以氘核的结合能为

$$E_B = Bc^2 = 3.967 \times 10^{-30} \times 8.9876 \times 10^{16} \text{J} = 3.565 \times 10^{-13} \text{J}$$

因此，聚合成 1kg 氘核所能释放出来的能量约为

$$\Delta E = \frac{E_B}{m_{0d}} = \frac{3.565 \times 10^{-13}}{2.013553 \times 1.66054 \times 10^{-27}} = 1.06 \times 10^{14} \text{J/kg}$$

11. 已知 Na 原子的质量为 23u，Cl 原子的质量为 35.5u，当一个 Na 原子和一个 Cl 原子结合成一个 NaCl 原子时，释放出 4.2eV 的能量。求：

（1）当一个 NaCl 分子分解为一个 Na 原子和一个 Cl 原子时，质量增加多少？

（2）忽略这一质量差所造成的误差是百分之几？

解 （1）根据质能关系式可知

$$\Delta E = c^2 \Delta m$$

故对应 $\Delta E = 4.2\text{eV}$，相应质量增量为

$$\Delta m = \frac{\Delta E}{c^2} = 4.2 \times 10^{-6} \times 0.0010735 \text{u} = 4.5 \times 10^{-9} \text{u}$$

（2）忽略这一质量差所造成的误差为

$$\frac{\Delta m}{m_0} = \frac{4.5 \times 10^{-9}}{23 + 35.5} = (7.7 \times 10^{-9})\%$$

四、补充练习题

1. 一根米尺静止在 S' 系中，与 $O'x'$ 轴成 30°角。如果在 S 系中测得该米尺与 Ox 轴成 45°角，求：（1）S 系中测得的米尺的长度是多少？（2）S' 系相对于 S 的速度 u 是多少？

解 （1）根据相对论的长度收缩效应，当物体运动时，沿运动方向的长度是其静止的 $\frac{1}{r}$ 倍，而在垂直于运动方向的长度保持不变。由题意可知，$L_0 = 1\text{m}$，设 S 系中测得米尺长度为 L，由图 16–1 可知

$$y_0 = L_0 \sin 30° = 0.5\text{m}$$

$$y = y_0$$

$$x = y \cot 45° = y_0 = 0.5\text{m}$$

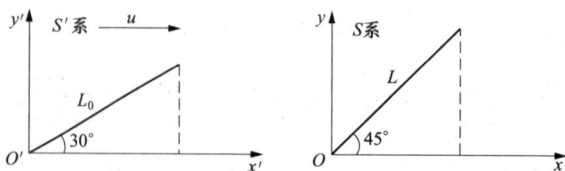

图 16–1

所以

$$L = \sqrt{x^2 + y^2} = \sqrt{2} y_0 = 0.707\text{m}$$

（2）因

$$x = \frac{x_0}{\gamma} = x_0 \sqrt{1 - \frac{u^2}{c^2}}$$

将 $x = y_0$，$x_0 = \sqrt{3}y_0$ 代入上式得

$$1 - \frac{u^2}{c^2} = \frac{1}{3} \quad 故 \quad \left(\frac{u}{c}\right)^2 = \frac{2}{3}$$

所以

$$u = \sqrt{\frac{2}{3}}c = 0.816c$$

2.（1）把电子自速度 $0.9c$ 增加到 $0.99c$，所需的能量是多少？这时电子的质量增加了多少？（2）某加速器能把质子加速到 1GeV 的能量，求该质子的速度，这时其质量为其静质量的几倍？

解 （1）由已知各电子自速度 $v_1 = 0.9c$，$v_2 = 0.99c$，电子静质量 $m_0 = 9.109 \times 10^{-31}$ kg，所以加速电子所需的能量为

$$\Delta E = E_2 - E_1 = m_0 c^2 \left(\frac{1}{\sqrt{1 - \frac{v_2^2}{c^2}}} - \frac{1}{\sqrt{1 - \frac{v_1^2}{c^2}}} \right) = 3.925 \times 10^{-13}\text{J} = 2.450\text{MeV}$$

又由质能关系得

$$\Delta m = \frac{\Delta E}{c^2} = \frac{3.925 \times 10^{-13}}{(2.998 \times 10^8)} = 4.637 \times 10^{-30}\text{kg}$$

（2）查得质子静质量为 $m_0 = 1.673 \times 10^{-27}$ kg，故其静能量为

$$E_0 = m_0 c^2 = 938.6\text{MeV}$$

按题意加速动能为 $E_k = 1\text{CeV}$，由相对论动能表达式可知

$$E_k = E - E_0 = \frac{m_0}{\sqrt{1 - (v/c)^2}} - m_0 c^2$$

所以

$$\sqrt{1 - (v/c)^2} = \frac{m_0 c^2}{E_k + m_0 c^2} = \frac{1}{1 + E_k/m_0 c^2}$$

由此得

$$v = \left[1 - \left(\frac{1}{1 + E_k/m_0 c^2} \right)^2 \right]^{\frac{1}{2}} \cdot c = \left(1 - \left(\frac{1}{1 + 1000/983.6} \right)^2 \right)^{\frac{1}{2}} \cdot c = 0.875c$$

此时质子质量为

$$m = \frac{m_0}{\sqrt{1 - (v/c)^2}} = \frac{m_0}{\sqrt{1 - (0.875)^2}} = 2.066 m_0$$

即此时得质子质量为其静质量的 2.066 倍。

3. 有一静止长度为 L_0 的车厢，以速度 u 相对惯性系 S 沿 x 轴正向运动。设车厢中有某物体 P 相对于车厢以速度 v 由车厢尾端向前端匀速运动（图 16-2）。求在 S 系中测得物体 P 从车厢尾端运动到前端所经历的时间。

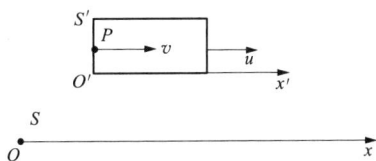

图 16-2

解 取车厢为 S' 系，设 P 从车厢尾端出发为事件 A，到达前端为事件 B。由洛伦兹变换可得，在 S 系中测得 A、B 两事件发生的时

刻分别为

$$t_1 = \gamma\left(t_1' + \frac{u}{c^2}x_1'\right), \qquad t_2 = \gamma\left(t_2' + \frac{u}{c^2}x_2'\right)$$

故所求时间间隔为

$$\Delta t = t_2 - t_1 = \gamma(t_2' - t_1') + \gamma\frac{u}{c^2}(x_2' - x_1')$$

依题意可知

$$x_2' - x_1' = L_0, \qquad t_2' - t_1' = \frac{L_0}{v}$$

代入前式可得

$$\Delta t = t_2 - t_1 = \gamma\frac{L_0}{v}\left(1 + \frac{uv}{c^2}\right)$$

注意：本题可否直接应用时间延缓公式 $\Delta t = \gamma\Delta t' = \gamma\dfrac{L_0}{v}$ 而得出呢？回答应是否定的，原因出在本题并不符合时间延缓公式的适用条件。

（章新友）

第十七章 量子力学基础

一、基本要求

1. 熟悉氢原子光谱的规律及玻尔的氢原子理论。

2. 理解德布罗意物质波的概念和实物粒子的波粒二象性,理解不确定性原理,掌握不确定关系式。

3. 了解波函数及其统计解释。

4. 了解薛定谔方程及其对一维无限深势阱的处理方法。

5. 了解氢原子的量子力学处理方法,掌握描述原子中电子运动状态的四个量子数及原子的壳层结构。

二、要点精讲

1. 氢原子光谱的实验规律   实验发现氢原子的所有光谱都可由广义巴耳末公式给出

$$\tilde{\nu} = R\left(\frac{1}{m^2} - \frac{1}{n^2}\right)$$

式中,R 称为里德伯常量 [计算时常取 $R = 1.097 \times 10^7 (1/m)$];$m = 1$,2,3,…每一个 m 值对应于一个线系,对于每一个确定的 m 值,有 $n = m + 1$,$m + 2$,…

$m = 1$ $n = 2$,3,4,…   莱曼系(紫外区)

$m = 2$ $n = 3$,4,5,…   巴耳末系(可见光区)

$m = 3$ $n = 4$,5,6,…   帕邢系(红外区)

$m = 4$ $n = 5$,6,7,…   布拉开系(红外区)

$m = 5$ $n = 6$,7,8,…   普丰德系(红外区)

2. 玻尔的氢原子理论

(1)稳定态假设   原子系统只存在一系列不连续的能量状态,处于这些状态的原子,其相应的电子只能在一定的轨道上绕核做圆周运动,但不辐射能量。这些状态称为原子系统的定态,相应的能量分别取不连续的量值 E_1、E_2、E_3…

(2)量子化条件   电子以速度 v 在半径为 r 的圆周上绕核运动时,只有电子的角动量 L 等于 $\hbar$ ($\hbar = \frac{h}{2\pi}$) 的整数倍的那些轨道才是稳定的,即满足

$$L = mvr = n\hbar = \frac{nh}{2\pi}$$

式中,h 称为普朗克常量,($h = 6.62620 \times 10^{-34} J \cdot s$);$n$ 称为主量子数。

(3)辐射跃迁的频率条件   原子中处于某一轨道上运动的电子,由于某种原因而

发生跃迁时，原子就从能量为 E_n 某一定态过渡到能量为 E_m 另一定态，同时吸收或发出频率为 ν 的光子，其频率满足

$$h\nu = |E_n - E_m| \quad \text{或} \quad \nu = \frac{|E_n - E_m|}{h}$$

3. **实物粒子的波粒二象性和德布罗意波**　电子等实物粒子如同光子一样也具有波粒二象性，这种与实物粒子相联系的波称为德布罗意波或物质波。实物粒子的运动，既可用动量、能量来描述，也可用波长、频率来描述。只不过在有的情况下，其粒子性表现得突出些，而在另一些情况下，是波动性表现得突出些。与运动的实物粒子相联系在一起的波的频率 ν 和波长 λ 与粒子的能量 E 和动量 p 之间关系为

$$E = h\nu, \quad p = \frac{h}{\lambda}$$

若质量为 m_0 的粒子，其速度 v（$v \ll c$），粒子的动量 $p = m_0 v$，动能 $E_k = \frac{1}{2} m_0 v^2$，则粒子的德布罗意波长

$$\lambda = \frac{h}{m_0 v} = \frac{h}{\sqrt{2 m_0 E_k}}$$

若粒子的速度 v 与光速 c 可以比较，则按相对论其动量 $p = m_0 v \dfrac{1}{\sqrt{1 - (v/c^2)}}$，则粒子的德布罗意波长

$$\lambda = \frac{h}{m_0 v} = \sqrt{1 - (v/c)^2}$$

4. **不确定关系式**　由于粒子的波粒二象性，对粒子的坐标和动量不可能同时进行准确地测量，若粒子在某一方向的坐标不确定量 Δx，有动量不确定量 Δp_x，则不确定关系式为

$$\Delta x \Delta p_x \geq h$$

若 ΔE 表示能量的不确定量，Δt 表示状态变化快慢，则能量不确定关系式

$$\Delta E \Delta t \geq h$$

5. **波函数**

波函数的统计解释：在某处德布罗意波的强度与粒子在该处附近出现的概率成正比。因此，德布罗意波既不是机械波，也不是电磁波，而是一种概率波。所以

$|\Psi|^2 dV$ 表示粒子 t 时刻在 (x, y, z) 附近 dV 内出现的概率。

$|\Psi|^2 = \Psi\Psi^*$ 表示粒子在空间单位体积内出现的概率称为概率密度。

波函数满足的条件：根据物质波的统计解释，波函数 Ψ 必须是单值、连续、有限的。

波函数的归一化条件：由于粒子总是要在空间中出现，所以粒子在空间中各点出现的概率的总和就应等于 1，即

$$\int_V |\Psi|^2 dV = 1$$

6. **薛定谔方程**

一维运动粒子的一般薛定谔方程　$-\dfrac{\hbar^2}{2m}\cdot\dfrac{\partial^2\Psi}{\partial x^2} = i\hbar\dfrac{\partial\Psi}{\partial t}$

一维运动粒子的定态薛定谔方程　$\dfrac{\partial^2\psi}{\partial x^2}+\dfrac{2m}{\hbar^2}(E-V)\psi = 0$

三维势场中的定态薛定谔方程　$\left[\dfrac{\partial^2\psi}{\partial x^2}+\dfrac{\partial^2\psi}{\partial y^2}+\dfrac{\partial^2\psi}{\partial z^2}\right]+\dfrac{2m}{\hbar^2}(E-V)\psi = 0$

7. 氢原子的量子力学处理方法

氢原子系统的电势能　　$V(r) = -\dfrac{e^2}{4\pi\varepsilon_0 r}$

其定态薛定谔方程为　$\nabla^2\psi+\dfrac{2m}{\hbar^2}\left(E+\dfrac{e^2}{4\pi\varepsilon_0 r}\right)\psi = 0$

氢原子的量子化特征：氢原子核外电子的状态可由 n，l，m_l，m_s 4 个量子数来确定。

（1）主量子数 $n=1$，2，3，$\cdots$，主要决定氢原子中电子的能量

$$E_n = -\frac{13.6}{n^2}\text{eV}$$

（2）角量子数 $l=0$，1，2，$\cdots$，$n-1$，决定电子的轨道角动量

$$L = \sqrt{l(l+1)}\,\hbar$$

（3）磁量子数 $m_l=0$，± 1，± 2，± 3，$\cdots$，$\pm l$，决定轨道角动量的空间取向

$$L_z = m_l\hbar$$

（4）自旋量子数 $m_s = \pm\dfrac{1}{2}$，决定电子自旋角动量的空间取向

$$S_z = m_s\hbar$$

8. 原子的壳层结构　原子的核外电子的运动状态也是由 4 个量子数 n、l、m_l、m_s 决定。当 $n=1$，2，3，4，$\cdots$时，电子分别处于 K，L，M，N，$\cdots$壳层上。$l=0$，1，2，3，4，$\cdots$的各支壳层分别用符号 s，p，d，f，g，$\cdots$表示。原子核外电子的排列遵守以下两个原理

（1）泡利不相容原理　不可能有两个或两个以上的电子具有完全相同的 4 个量子数(n,l,m_l,m_s)；或者说，原子中每一个状态只能容纳一个电子。

（2）最小能量原理　原子系统内的每个电子趋于占有最低能级。由于原子中的电子处于最低能级时，其能量最小，这时的原子最稳定，这一原理称为最小能量原理。

三、习题与解答

1. 试确定在氢原子光谱中位于可见光区（380～780nm）的那些波长。

解　在可见光区（380～780nm）的那些波长可由氢原子的光谱的巴耳末系确定，根据

$$\tilde{\nu} = \frac{1}{\lambda} = R\left(\frac{1}{2^2}-\frac{1}{n^2}\right),\qquad n=3,\ 4,\ 5,\ \cdots$$

$$n=3\qquad \lambda_1 = \frac{1}{1.097\times10^7}\times\frac{2^2\times3^2}{3^2-2^2} = 656.3\text{nm}$$

$$n = 4 \qquad \lambda_2 = \frac{1}{1.097 \times 10^7} \times \frac{2^2 \times 4^2}{4^2 - 2^2} = 486.2 \text{nm}$$

$$n = 5 \qquad \lambda_3 = \frac{1}{1.097 \times 10^7} \times \frac{2^2 \times 5^2}{5^2 - 2^2} = 434.1 \text{nm}$$

$$n = 6 \qquad \lambda_4 = \frac{1}{1.097 \times 10^7} \times \frac{2^2 \times 6^2}{6^2 - 2^2} = 410.2 \text{nm}$$

$$n = 7 \qquad \lambda_5 = \frac{1}{1.097 \times 10^7} \times \frac{2^2 \times 7^2}{7^2 - 2^2} = 397.0 \text{nm}$$

$$n = 8 \qquad \lambda_6 = \frac{1}{1.097 \times 10^7} \times \frac{2^2 \times 8^2}{8^2 - 2^2} = 388.9 \text{nm}$$

$$n = 9 \qquad \lambda_7 = \frac{1}{1.097 \times 10^7} \times \frac{2^2 \times 9^2}{9^2 - 2^2} = 383.5 \text{nm}$$

$$n = 10 \qquad \lambda_8 = \frac{1}{1.097 \times 10^7} \times \frac{2^2 \times 10^2}{10^2 - 2^2} = 379.8 \text{nm}$$

当 $n \geq 10$ 以后，波长已不在可见光区，所以在可见光区共有 7 条光谱线（$\lambda_1 \sim \lambda_7$）。

2. 试计算氢原子光谱莱曼系的最短或最长波长。

解 由于莱曼系（$n = 2, 3, 4, \cdots$），

故当 $n = 2$ 时，对应的波长最大，莱曼系最长的波长为

$$\lambda_{max} = \frac{1}{1.097 \times 10^7} \times \frac{2^2}{2^2 - 1} = 121.5 \text{nm}$$

当 $n = \infty$ 时，对应的波长最短，所以莱曼系最短的波长为

$$\lambda_{min} = \frac{1}{1.097 \times 10^7} = 91.1 \text{nm}$$

3. 对处于第一激发态（$n = 2$）的氢原子，如果用可见光照射，能否使之电离？

解 由玻尔理论，当氢原子处于第 n 定态时，系统的能量

$$E_n = -\frac{me^4}{8\varepsilon_0^2 h^2} \frac{1}{n^2} = \frac{-13.6}{n^2} \text{eV}$$

若要将处于第一激发态（$n = 2$）的氢原子电离，需要的能量为

$$E_{电离} = E_\infty - E_2 = \frac{13.6}{2^2} = 3.4 \text{eV}$$

可见光光子的最大能量为（$\lambda_{min} = 380 \text{nm}$）

$$E_{max} = \frac{hc}{\lambda_{min}} = \frac{6.626 \times 10^{34} \times 3 \times 10^8}{3.80 \times 10^{-7}} = 5.23 \times 10^{-19} \text{J} = 3.27 \text{eV}$$

由于 $E_{max} < E_{电离}$，所以可见光不能使之电离。

4. 氢原子处于基态时，根据玻尔理论，试求电子的（1）量子数；（2）轨道半径；（3）角动量；（4）电子的动能、势能和总能量各是多少？

解 （1）当氢原子处于基态时，基态量子数 $n = 1$

（2）由 $r_n = n^2 \frac{\varepsilon_0 h^2}{\pi m e^2}$

当 $n = 1$ 时，电子的轨道半径为

$$r_1 = \frac{\varepsilon_0 h^2}{\pi m e^2} = \frac{(6.626 \times 10^{-34})^2 \times 8.854 \times 10^{-12}}{3.142 \times 9.11 \times 10^{-31} \times (1.602 \times 10^{-19})^2} = 5.29 \times 10^{-11} \text{m}$$

（3）电子的轨道角动量 $\quad L_1 = \dfrac{h}{2\pi} = \dfrac{6.626 \times 10^{-34}}{2 \times 3.142} = 1.05 \times 10^{-34} \text{kg} \cdot \text{m}^2/\text{s}$

（4）由电子的动能 $E_k = \dfrac{1}{2} m v^2$，根据量子化条件 $m v_1 r_1 = \dfrac{h}{2\pi}$ 得 $v_1 = \dfrac{h}{2\pi m r_1}$。

所以动能为

$$E_{k1} = \frac{1}{2} m v_1^2 = \frac{h^2}{8\pi^2 m r_1^2}$$

$$= \frac{(6.626 \times 10^{-34})^2}{8 \times 3.1416^2 \times 9.11 \times 10^{-31} \times (5.29 \times 10^{-10})^2} = 2.18 \times 10^{-18} \text{J} = 13.6 \text{eV}$$

势能为

$$E_{p1} = -\frac{e^2}{4\pi\varepsilon_0 r_1} = -2E_{k1} = -27.2 \text{eV}$$

总能量为

$$E_1 = E_{p1} + E_{k1} = -13.6 \text{eV}$$

5. 质量为 4.0×10^{-2} kg 的子弹，以速度 1000m/s 的速度飞行，它的德布罗意波长是多少？为什么子弹不能通过衍射效应显示其波动性？

解 由德布罗意波长公式，子弹的德布罗意波长为

$$\lambda = \frac{h}{m_0 v} = \frac{6.626 \times 10^{-34}}{4.0 \times 10^{-2} \times 1000} = 1.66 \times 10^{-35} \text{m}$$

因为只有在障碍物的线度与波长相近时，才能产生明显的衍射。此题中电子的德布罗意波长很短，比子弹通过的宏观障碍物的线度小得多，所以子弹不能通过衍射效应显示其波动性。

6. 为使电子的德布罗意波长为 0.1nm，需要多大的加速电压？

解 由德布罗意波长公式

$$\lambda = \frac{h}{m_0 v} = \frac{h}{\sqrt{2 m_0 E_k}} = \frac{1.226}{\sqrt{U}} \text{nm}$$

得

$$U = \left(\frac{1.226}{\lambda}\right)^2 = \left(\frac{1.226}{0.1}\right)^2 = 150 \text{V}$$

7. 一束带电粒子经 206V 的电压加速后，测得德布罗意波为 0.002nm，已知这带电粒子所带电量与电子电量相等。求这粒子的质量？

解 由 $\lambda = \dfrac{h}{m_0 v}$，$\dfrac{1}{2} m_0 v^2 = eU$，得

$$\lambda = \frac{h}{\sqrt{2 e m_0 U}}$$

因此

$$m_0 = \frac{h^2}{2 e U \lambda^2} = \frac{(6.626 \times 10^{-34})^2}{2 \times 1.60 \times 10^{-19} \times 206 \times (0.002 \times 10^{-9})^2} = 1.67 \times 10^{-27} \text{kg}$$

8. 计算动能分别为 1keV、1MeV 和 1GeV 的电子的德布罗意波长。

解 由电子的德布罗意波长

$$\lambda = \frac{h}{\sqrt{2m_0E_k}} = \frac{1.226}{\sqrt{U}}\,\text{nm}$$

可得当动能为1keV、1MeV和1GeV的电子的德布罗意波长分别为

$$\lambda_1 = \frac{1.226}{\sqrt{10^3}} = 3.877 \times 10^{-2}\,\text{nm}$$

$$\lambda_2 = \frac{1.226}{\sqrt{10^6}} = 1.226 \times 10^{-3}\,\text{nm}$$

$$\lambda_3 = \frac{1.226}{\sqrt{10^9}} = 3.877 \times 10^{-5}\,\text{nm}$$

9. 光子与电子的波长都是0.2nm，它们的动量和总能量是否相等？

解 光子与电子的波长都是0.2nm，它们的动量相等，动量为

$$p = \frac{h}{\lambda} = \frac{6.626 \times 10^{-34}}{0.2 \times 10^{-9}} = 3.3 \times 10^{-24}\,\text{kg} \cdot \text{m/s}$$

光子的能量为

$$\varepsilon = h\nu = \frac{hc}{\lambda} = pc = 3.3 \times 10^{-34} \times 3 \times 10^8 = 9.9 \times 10^{-16}\,\text{J}$$

$$= 6.2 \times 10^3\,\text{eV}$$

电子的总能量为 $\quad E = \sqrt{(pc)^2 + (m_0c^2)^2} \approx 0.51\,\text{eV}$

所以总能量并不相等。

10. 实物粒子的德布罗意波与电磁波有什么不同？解释描述实物粒子波函数的物理意义。

解 德布罗意波反映了实物粒子的波动性，实物粒子也具有一定的德布罗意波长，其波函数的平方代表德布罗意波的强度，并与粒子在该处附近出现的概率成正比（亦即微观粒子在空间某处出现的概率与物质波在该处的强度成正比）。对于电磁波描述的是电场强度和磁场强度随空间和时间的变化。电磁波的强度正比于其波函数振幅的平方，振幅越大强度越强。

11. 将波函数在空间各点的振幅同时增大 D 倍，则粒子在空间的分布概率将（D）。

A. 增大 D^2 倍　　　　　　B. 增大 $2D$ 倍

C. 增大 D 倍　　　　　　D. 不变

12. 玻尔理论中所说的能级是指（A）。

A. 原子系统总能量的能级　　B. 原子系统中电子的动能

C. 原子系统中的势能能级　　D. 以上答案均不对

13. 若氢原子中的电子处于主量子数 $n=3$ 的能级，则电子轨道角动量 L 和轨道角动量在外磁场方向的分量 L_z 可能取的值分别为（B）。

A. $L = \hbar, 2\hbar, 3\hbar$　　　　$L_z = 0, \pm\hbar, \pm2\hbar, \pm3\hbar$

B. $L = 0, 2\hbar, 6\hbar$　　　　　$L_z = 0, \pm\hbar, \pm2\hbar$

C. $L = 0, \hbar, 2\hbar$　　　　　$L_z = 0, \pm\hbar, \pm2\hbar$

D. $L = \sqrt{2}\hbar, \sqrt{6}\hbar, \sqrt{12}\hbar$　　$L_z = 0, \pm\hbar, \pm2\hbar, \pm3\hbar$

四、补充练习题

1. 具有能量 15eV 的光子，被氢原子中处于第一玻尔轨道的电子所吸收而形成一光电子。问此光电子远离质子时的速度为多少？它的德布罗意波长是多少？

解　要使处于第一玻尔轨道，既基态的氢原子电离所需要的能量为 13.6eV，因此该电子远离质子时的动能为

$$E_k = \frac{1}{2}mv^2 = E + E_1 = 15 - 13.6 = 1.4 \text{eV}$$

电子的速度为　$v = \sqrt{\dfrac{2E_k}{m}} = \sqrt{\dfrac{2 \times 1.4 \times 1.6 \times 10^{-19}}{9.11 \times 10^{-31}}} = 7.0 \times 10^5 \text{ m/s}$

电子的德布罗意波长为　$\lambda = \dfrac{h}{mv} = \dfrac{6.626 \times 10^{-34}}{9.11 \times 10^{34} \times 7.0 \times 10^5} = 1.04 \times 10^{-9}\text{m} = 1.04\text{m}$

2. 设质量为 m 的微观粒子处于宽度为 a 的一维无限深势，其波函数为

$$\psi_n(x) = \sqrt{\frac{2}{a}}\sin\frac{n\pi}{a}x \quad (0 < x < a)$$

求：（1）$n = 1$ 态的粒子在 $0 \leqslant x \leqslant a/4$ 区间出现的概率？（2）在哪些量子态上，粒子在 $a/4$ 处出现的概率密度最大？

解　（1）根据一维势阱中的归一化波函数　$\psi_1(x) = \sqrt{\dfrac{2}{a}}\sin\dfrac{\pi}{a}x$

概率密度为

$$|\psi_1(x)|^2 = \left(\sqrt{\frac{2}{a}}\sin\frac{\pi}{a}x\right)^2$$

在 $0 \leqslant x \leqslant a/4$ 区间，粒子出现的概率为

$$\int_0^{a/4} |\Psi_1(x)|^2 \mathrm{d}x = \int_0^{a/4}\left(\sqrt{\frac{2}{a}}\sin\frac{\pi}{a}x\right)^2 \mathrm{d}x = 0.091$$

（2）粒子在 $a/4$ 处出现的概率密度为

$$\left|\Psi_n\left(\frac{a}{4}\right)\right|^2 = \frac{2}{a}\sin^2\frac{n\pi}{4}$$

最大概率满足的条件为 $\sin^2\dfrac{n\pi}{4} = 1$。

所以 $n = 2(2k+1)$，$k = 0,1,2,3,\cdots$ 即在量子数为 $n = 2,6,10,14,\cdots$ 的量子态上粒子出现的概率最大。

3. 当氢原子从某初始状态跃迁到激发能（从基态到激发态所需的能量）为 $\Delta E = 10.19\text{eV}$ 的状态时，发射出光子的波长是 $\lambda = 486\text{nm}$，试求该初始状态的能量和主量子数。

解　所发射的光子能量为　$\varepsilon = hc/\lambda = 2.56\text{eV}$
氢原子在激发能为 10.19eV 的能级时，其能量为

$$E_K = E_1 + \Delta E = -3.41\text{eV}$$

氢原子在初始状态的能量为

$$E_n = \varepsilon + E_K = -0.85\text{eV}$$

该初始状态的主量子数为 $\qquad n = \sqrt{\dfrac{E_1}{E_n}} = 4$

4. 质量为 m_0 的电子被电势差 $U = 100\mathrm{kV}$ 的电场加速，如果考虑相对论效应，试计算其德布罗意波的波长。若不用相对论计算，则相对误差是多少？

解 用相对论计算，由

$$p = mv = m_0v \Big/ \sqrt{1 - (v/c)^2} \ \text{和} \ eU = \Big[m_0c^2 \Big/ \sqrt{1 - (v/c)^2} \ \Big] - m_0c^2$$

得 $\qquad \lambda = \dfrac{hc}{\sqrt{eU(eU + 2m_0c^2)}} = 3.71 \times 10^{-12} \ \mathrm{m}$

若不考虑相对论效应

$$p = m_0v, eU = \frac{1}{2}m_0v$$

故 $\qquad \lambda' = \dfrac{h}{\sqrt{2m_0eU}} = 3.88 \times 10^{-12} \mathrm{m}$

相对误差为 $\qquad \dfrac{|\lambda' - \lambda|}{\lambda} = 4.6\%$

（刘彦允）

第十八章 原子核与放射性

一、基本要求

1. 理解原子核的一般性质及其核模型。

2. 掌握放射性衰变类型。

3. 掌握放射性衰变规律。

二、要点精讲

1. 原子核的基本性质

原子的质量单位 $u = 1.6605655 \times 10^{-27} \mathrm{kg}$

原子核的半径 $R = R_0 A^{\frac{1}{3}}$ $(R_0 = 1.2 \times 10^{-15} \mathrm{m})$

原子核的质量亏损 $\Delta m = Z m_p + (A - Z) m_n - m_A$

原子核的结合能 $\Delta E = \Delta m c^2$

平均结合能 $\bar{\varepsilon} = \dfrac{\Delta E}{A}$

核力：存在于核子之间的强相互作用力。

核力的性质：短程力，核力作用与电荷无关，核力具有饱和性。

2. 原子核的放射性衰变

放射性衰变：自然界中不稳定的原子核，能自发地放出某种射线而转变成另一种原子核，这种现象称为放射性衰变。

放射性核素：具有放射性的各种原子形式。

α 衰变：放射性核素的原子核，放射出 α 粒子而衰变为另一种原子核的过程。

α 衰变的位移定则 $^A_Z X \rightarrow ^{A-4}_{Z-2} Y + ^4_2 \mathrm{He} + Q$

β 衰变分为三种：β^- 衰变、β^+ 衰变和电子俘获。

β^- 衰变：放射性核素放出电子（$^0_{-1} e$）而变成另一种核的过程。

β^- 衰变的位移定则 $^A_Z X \rightarrow ^A_{Z+1} Y + ^0_{-1} e + \bar{\nu} + Q$

β^+ 衰变：放射性核素做 β^+ 衰变，是由于原子核中的一个质子放出 β^+ 粒子和中微子而转变成中子。

β^+ 衰变的位移定则 $^A_Z X \rightarrow ^A_{Z-1} Y + ^0_{+1} e + \bar{\nu} + Q$

电子俘获：某些核素的原子核从核外的电子壳层中俘获一个电子，使核中的一个质子转变成中子，并放出中微子，从而形成子核。

电子俘获衰变式 $\quad {}_{1}^{1}H + {}_{-1}^{0}e \rightarrow {}_{0}^{1}n + \nu_e + Q$

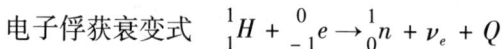

3. 放射性衰变定律

$$N = N_0 e^{-\lambda t}$$

式中，λ 称为衰变常量。

半衰期 T：原有的原子核母核总数 N_0 衰变一半所需要的时间。

$$T = \frac{\ln 2}{\lambda} = \frac{0.693}{\lambda}$$

平均寿命 τ：每个核在衰变前平均能存在的时间。

$$\tau = \frac{1}{\lambda}$$

放射性活度 A：每秒内衰变的母核数。

$$A = -\frac{dN}{dt} = \lambda N$$

$$A = A_0 e^{-\lambda t}$$

式中，$A_0 = \lambda N_0$ 表示在 $t = 0$ 时刻的放射性活度。放射性活度也随时间按指数规律减少。

三、习题与解答

1. ${}^{14}C$（半衰期为 5730 年）的活度可以用来确定一些考古发现的年代。假定某样品中含 2.8×10^7 Bq 的 ${}^{14}C$，试求：（1）${}^{14}C$ 的衰变常数；（2）样品中 ${}^{14}C$ 核的数目；（3）1000 年后和 4 倍半衰期后样品的活度。

解 （1）由 $T = \frac{\ln 2}{\lambda}$ 得 ${}^{14}C$ 的衰变常量

$$\lambda = \frac{\ln 2}{T} = \frac{0.693}{5730 \times 365 \times 24 \times 3600} = 3.83 \times 10^{-12} \, \text{s}^{-1}$$

（2）由 $A = \lambda N$ 得样品中 ${}^{14}C$ 的数目为

$$N_0 = \frac{A_0}{\lambda} = \frac{2.8 \times 10^7}{3.83 \times 10^{-12}} = 7.32 \times 10^{18} \text{个}$$

（3）由 $N = N_0 e^{\lambda t}$ 有 $\quad \frac{N}{N_0} = e^{-\lambda t} = e^{-\frac{t}{T}\ln 2} = 2^{-t/T}$

因此，1000 年后 ${}^{14}C$ 的数目为

$$N_1 = N_0 2^{-t/T}$$
$$= 7.31 \times 10^{18} \times 2^{-10000/5730}$$
$$= 6.48 \times 10^{18} \text{个}$$

4 倍半衰期后，${}^{14}C$ 的数目为

$$N_2 = 7.3118 \times 10^{18} \times 2^{-4} = 4.67 \times 10^{17} \text{个}$$

由 $A = \lambda N$ 得，1000 年后 ${}^{14}C$ 的放射性活度 A_1 为

$$A_1 = \lambda N_1 = 3.83 \times 10^{-12} \times 6.48 \times 10^{18} = 2.48 \times 10^7 \text{Bq}$$

4 倍半衰期后，${}^{14}C$ 的放射性活度 A_2 为

$$A_2 = \lambda N_2 = 3.83 \times 10^{-12} \times 4.67 \times 10^{17} = 1.79 \times 10^6 \text{Bq}$$

2. 核半径可按公式 $R = 1.2 \times 10^{-15} A^{\frac{1}{3}}$ m 来确定，其中 A 为核的质量数。试求核物质的单位体积内的粒子数。

解 原子核的体积为 $V = \frac{4}{3}\pi R^3 = \frac{4}{3}\pi(1.20 \times 10^{-15} A^{\frac{1}{3}})^3$

单位体积内的粒子数为 $n = \frac{A}{V} = \dfrac{A}{\frac{4}{3}\pi (1.20 \times 10^{-15})^3 A} 1.38 \times 10^{44} \text{m}^{-3}$

3. $^{238}_{92}$U 因放射性变成 $^{206}_{82}$Pb，问需经过几次 α 衰变和几次 β 衰变？

解 设经过 a 次 α 衰变，b 次 β 衰变，即

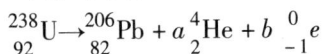

$$^{238}_{92}\text{U} \rightarrow {}^{206}_{82}\text{Pb} + a\,^{4}_{2}\text{He} + b\,^{0}_{-1}e$$

由质量守恒定律和核子数守恒定律

$$238 = 206 + 4a \tag{1}$$
$$92 = 82 + 2a - b \tag{2}$$

由（1）式得 $a = \dfrac{238 - 206}{4} = 8$

由（2）式得 $b = 82 + 2a - 92 = 6$

4. $^{32}_{15}$P 的半衰期 T 为 14.3 天，计算 1μg 的同位素在一昼夜的衰变中放出多少粒子数？

解
$$\Delta N = N_0 - N = N_0(1 - e^{\lambda t})$$
$$= \frac{10^{-6}}{32} \times 6.022 \times 10^{22}(1 - e^{-\frac{\ln 2}{14.3} \times 1})$$
$$= 8.9 \times 10^{14} \text{个}$$

5. ^{226}Ra 的半衰期是 1600 年（y），求它的衰变常量和 1g 镭的放射性活度。

解 由 $T = \dfrac{0.693}{\lambda}$ 得衰变常量为

$$\lambda = \frac{0.693}{T} = \frac{0.693}{1600 \times 365 \times 24 \times 3600} = 1.4 \times 10^{-11} \text{s}^{-1}$$

镭的质量数为 $A = 226$，1g 镭的原子核数为

$$N = 6.022 \times 10^{23}/226 = 2.66 \times 10^{21}$$

放射性活度为

$$A = -\frac{\mathrm{d}N}{\mathrm{d}t} = \lambda N = 1.4 \times 10^{-11} \times 226 \times 10^{21} = 3.7 \times 10^{10} \text{Bq}$$

6. 已知放射性 ^{226}Co 的活度在 1h 内减少 3.8%，衰变产物是放射性的，求核素衰变常量和半衰期。

解
$$(1 - 3.8\%)A_0 = A_0 e^{-\lambda t}$$
$$\ln 0.962 = -\lambda t$$
$$\lambda = \frac{\ln 0.962}{-t} = \frac{\ln 0.962}{-1} = 0.0387 \text{h}^{-1}$$

半衰期 $T = \dfrac{\ln 2}{\lambda} = 17.89 \text{h}$

7. 一患者内服 600mg 的 Na_2HPO_4，其中含有放射性活度为 $5.55 \times 10^7 Bq$ 的 $^{32}_{15}P$，在第一昼夜排出的放射性物质活度有 $2.0 \times 10^7 Bq$，而在第二昼夜排出 $2.66 \times 10^6 Bq$（测量是在收集放射性物质后立即进行的）。试计算患者服用两昼夜后，尚存留在体内的 $^{32}_{15}P$ 的百分数和 Na_2HPO_4 的克数。$^{32}_{15}P$ 半衰期是 14.3d。

解 第一昼夜尚存体内的活度为 $A_1 = A_0 e^{-\lambda t_1} - 540$

第二昼夜后尚存体内的活度为 $A_2 = A_1 e^{-\lambda t_2} - 71.9$

$$= (A_0 e^{-\lambda t_1} - 540) e^{-\lambda t_2} - 71.9$$

因为 $t_1 = t_2 = t = 1d$

所以 $A_2 = A_0 e^{-2\lambda t} - 540 e^{-\lambda t} - 71.9$

$$= 1500 e^{-\frac{2\ln 2}{14.3}} - 540 e^{-\frac{\ln 2}{14.3}} - 71.9$$

$$= 775 \mu Ci$$

尚存 $^{32}_{15}P$ 的百分数 $\frac{A_2}{A_0} \times 100\% = \frac{775}{1500} \times 100\% = 51.7\%$

因放射性 $^{32}_{15}P$ 核占 Na_2HPO_4 P 核比例极小，约为 $\frac{1}{10^7}$，因此 $^{32}_{15}P$ 衰变后尚存体内的部分所相应的那部分 Na_2HPO_4 仍为 Na_2HPO_4。

尚存克数为 $m = 600 \times \left(1 - \frac{540 + 71.9}{1500}\right) = 355mg$

8. 以能量为 2.5MeV 的光子打击氘核，结果把质子和中子分开，这时质子、中子所具有的动能各是多少？（$m_n = 100866u$，$m_p = 100783u$，$m_d = 2.01410u$）

解 结合能 $\Delta E = (m_p + m_n - m_d) C^2$

$$= (1.00783 + 1.00866 - 2.01410) \times 931$$

$$= 2.23MeV$$

质子、中子各具有动能为

$$E_k = \frac{2.5 - 2.23}{2} = 0.135MeV$$

四、补充练习题

1. $^{23}_{11}Na$ 被中子照射后转变为 $^{24}_{11}Na$。问在停止照射 24h 后，还剩百分之几的 $^{24}_{11}Na$。（$^{24}_{11}Na$ 的半衰期为 14.8h）

解
$$N = N_0 e^{-\lambda t}$$
$$\frac{N}{N_0} = e^{-\frac{\ln 2}{14.8} \times 24} = 32.5\%$$

2. $^{238}_{90}Th$ 放出 α 粒子衰变成 $^{228}_{88}Ra$，从含有 1g $^{228}_{90}Th$ 的一片薄膜测得每秒放射 4100 个粒子，求其半衰期。

解
$$-\frac{dN}{dt} = \lambda N$$
$$N = \frac{N_0}{A} = \frac{6.022 \times 10^{23}}{232}$$

所以
$$-\frac{\mathrm{d}N}{\mathrm{d}t} = \frac{\ln 2}{T} \cdot \frac{N_0}{A}$$

$$T = \frac{N_0 \ln 2}{-\frac{\mathrm{d}N}{\mathrm{d}t} \cdot A} = \frac{6.022 \times 10^{23} \times \ln 2}{4100 \times 232} = 4.388 \times 10^{17}\,\mathrm{s} = 1.39 \times 10^{19}\,\mathrm{y}$$

3. 放射性活度为 $3.7 \times 10^9\,\mathrm{Bq}$ 的放射性 $^{23}_{11}\mathrm{P}$ 的制剂，在制剂后 10d，20d 和 30d 的放射性活度各是多少？

解
$$A = A_0 e^{\lambda t}$$

$$A_{10} = 100 e^{-\frac{\ln 2}{14.3}} \times 10 = 61.6\,\mathrm{mCi}$$

$$A_{20} = 100 e^{-\frac{\ln 2}{14.3}} \times 20 = 37.9\,\mathrm{mCi}$$

$$A_{30} = 100 e^{-\frac{\ln 2}{14.3}} \times 30 = 23.4\,\mathrm{mCi}$$

（樊亚萍）